妄想お金ガイド

パンダを飼ったらいくらかかる？

北澤功

日経ナショナルジオグラフィック

はじめに

僕は獣医師として仕事をしています。大学卒業後、長野県の動物園で働き、様々な動物たちと触れ合いました。

現在は、東京都大田区に動物病院を開業し、イヌ、ネコ、ウサギなどの一般のペットを診ています。とても充実した日々ですが、自分の根底にずっとあるのは動物園での経験です。出産に立ち会った動物、惜しくも救えなかった動物などのことを思い出すことは少なくありません。

動物園で自分が造った展示場や遊具の一部は、まだ現役だったりします。当時から、「ないものは作る」「お金がなければ自分でやる」の精神で、いろいろなものを作りました。珍しい動物の飼育用品なんて、市販されていませんから。こうした自分で解決する力は、ペットではない動物を飼ううえでは必須の能力かもしれません。

はじめに

今でもときどき、プライベートであちこちの動物園や水族館に出かけます。やはり動物たちを間近で見ると、「あの動物に触れてみたい」「飼ってみたい」という思いが止まりません。きっと皆さんも、動物園や水族館、テレビや図鑑で見る動物と一緒に暮らしてみたいと思ったことがあるはずです。

もしも、あのあこがれの動物と一緒に暮らせたらと、想像するのは楽しいものです。毎日姿を見るだけでも嬉しくなったり、世話や管理でとんでもない目にあっても苦ではなかったりするのかもしれません。

そこで、「もしも」をよりリアルに想像する手がかりとして、この本では、家庭で飼えない動物を飼うときにかかる月々のお金の話を、空想的に書きました。

動物園や水族館で人気のある動物をピックアップしましたが、個人での飼育はできないものがほとんどです。

絶滅が危惧される種も少なくありません。繰り返しますが、空想上の飼育なので、現実の世界では個人飼育不可の動物ばかりです。どんなに好きで飼いたくても、野生動物は人間の友だちやペットではないことだけは、肝に銘じたいことです。現実では、自分で飼う代わりに、動物園へ行ったり、保護団体に寄付したりすることをおすすめします。

長い年月を人間とともに暮らすペットとして発展してきたイヌやネコとは異なり、野生動物は人になついてくれることはありません。自宅のような限られた環境では、本来の生態を上手に見せる技術のある動物園や水族館ほど魅力的な姿を見せてくれることはないでしょう。

動物が好きであればこそ、自然の中で生きる姿を尊重するという思いを前提に、「それでも、もし飼ったらどんな楽しみがあるか」「どれほどのお金がかかるのか」を考えるのはなかなか楽しいことです。そこには、動物種ごとの生態や、過去に接してきた動物それぞれの個性、現在の飼育技術といった、いろいろな知識が必要になるからです。

動物には年齢や性別などによる個体差があります。「この動物は絶対こう！」と言い切れるものではなく、「へえ、そういうこともあるのね」と楽しく読んでもらえれば本望です。また、生態や特徴の紹介を通して、彼らに対する理解や尊敬の気持ちを深めていただければ嬉しく思います。

はじめに

もくじ

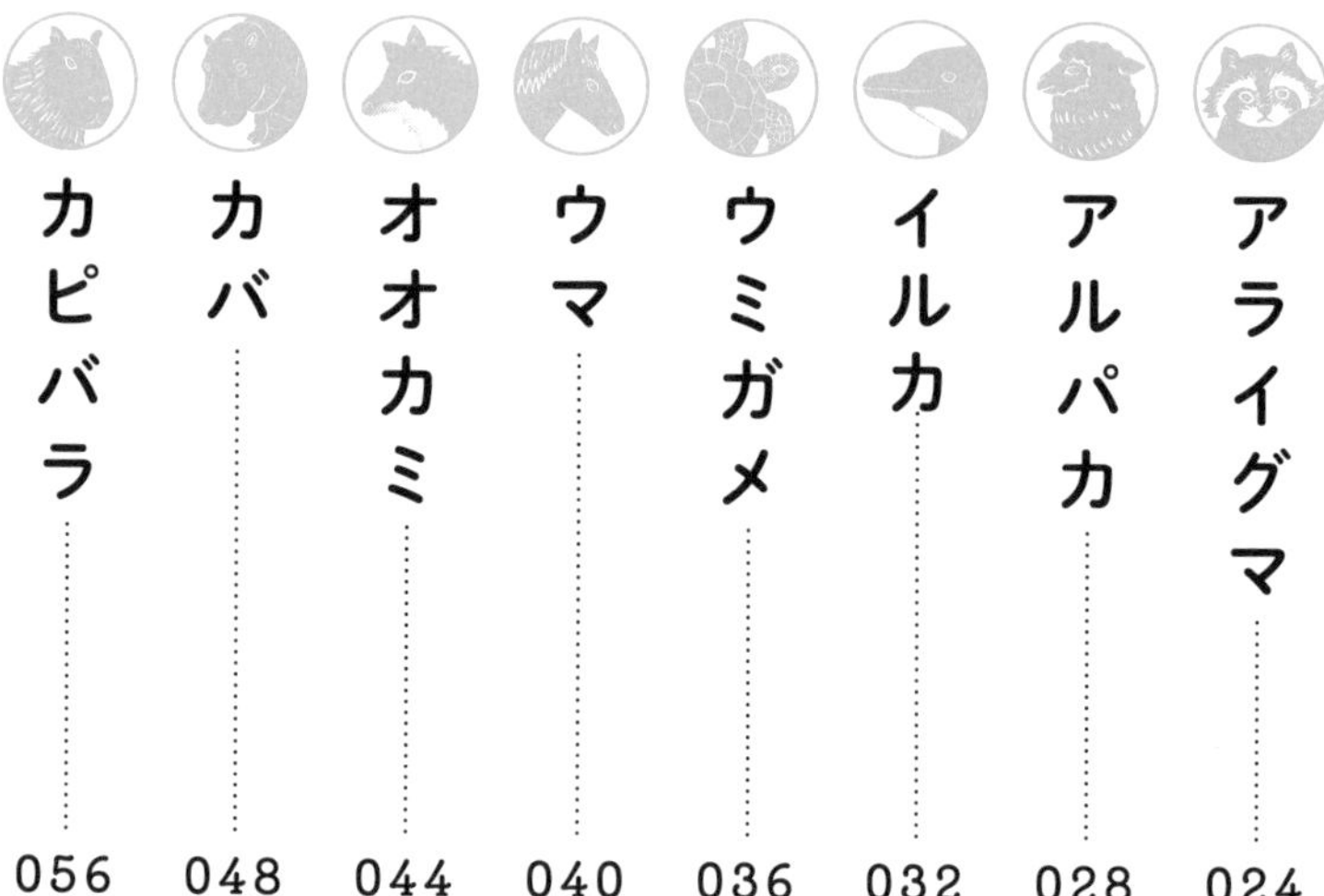

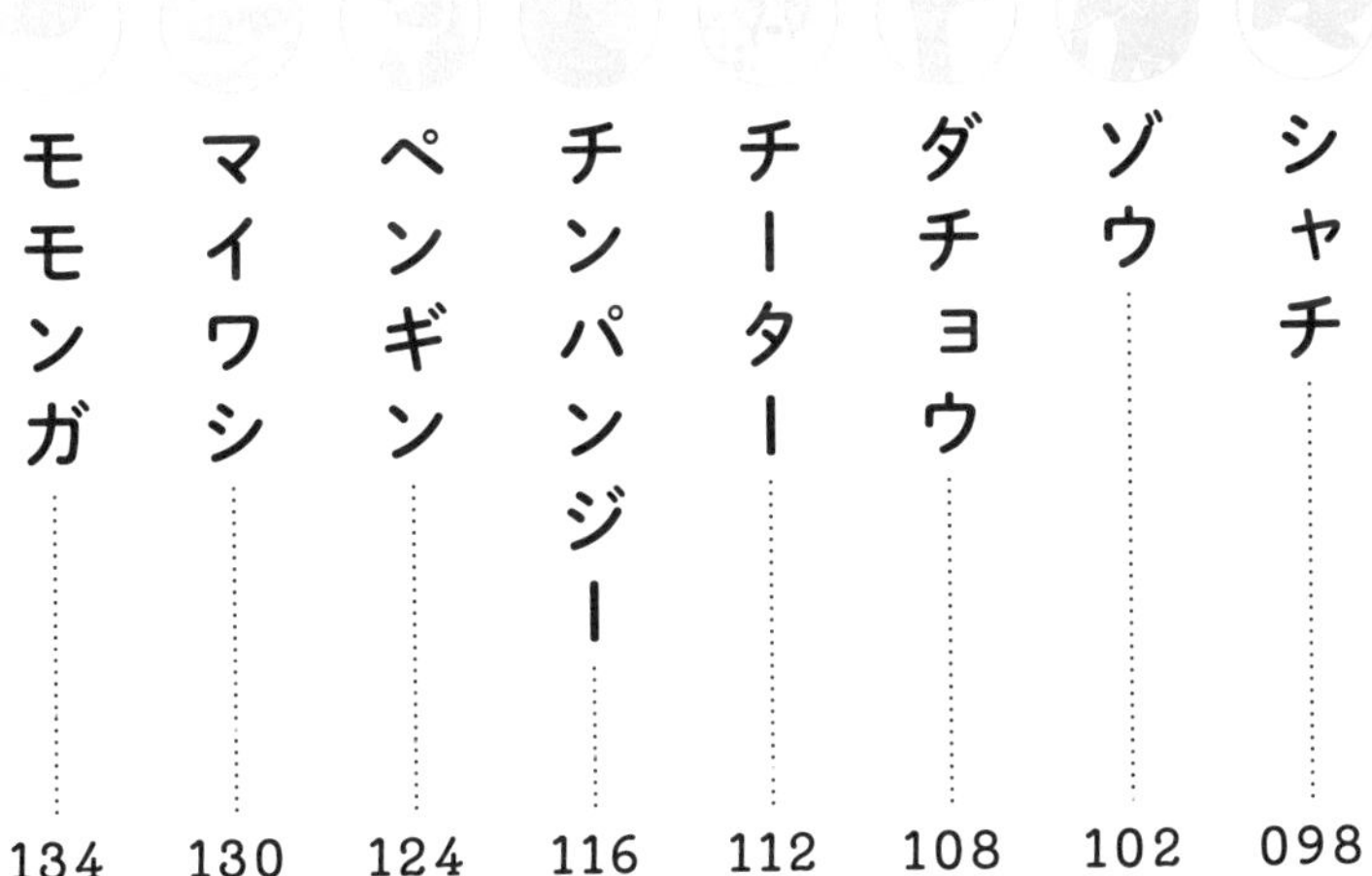

コラム

動物とお金の分かちがたい関係

妄想飼育を始める前に知っておきたいこと

◆動物を飼うためには「見えないお金」ばかり

家庭で飼えない動物であっても、生態を調べ、より良い飼育環境はどんなものか考えていると、あることに気づきます。現実の飼育であっても妄想の飼育であっても、「動物飼育にかかるお金はある程度共通する」ということです。

読者の皆さんの愛するペットも、僕の動物病院に通ってくるペットも、実際には飼えないので本書で飼育を妄想してみる野生動物も、全ての生き物には健康で快適に長く生きてほしいと願っています。

ペットを飼うと、餌（えさ）や日々のケア、おもちゃなど、飼い始める前は予想できなかった様々なコストが発生するものです。

ペットが若く健康な頃は想像するのも恐ろしいことですが、生き物は突然病気や深刻なケガをすることがあります。そうなったら通院費は高額になることが多く、近所に動物病院がなければ交通費がかかるし、仕事も休めない、といった現実問題に直面します。人間ほど医療が発達しているわけではなく、公的な保険もないので、飼い主は不安になってしまいます。

　僕の病院でも、「このハムスターは２０００円で買ったけど、目の腫れの治療にも２０００円以上かかるんですね！」などと、飼い主さんにびっくりされることは少なくありません。かなり高度な治療もできるようになった今、治療費は高騰する傾向にあります。

　とはいえ、お金持ちでなくても動物を飼うことはできます。病気にさせないことが一番の節約です。病気にさせないためには、飼う前にその動物の情報を調べることが大切です。野生での生態を知ることで、なりやすい病気や、食事で気を付けるべきことがわかります。

　たとえば、ウサギは一生歯が伸び続けるので、牧草を与えることが必要です。そうすれば、歯のカットの費用を節約できます。

　動物を飼うにはお金だけが必要なのではなく、愛情も必要です。動物のことをよく知って、健康に気を配ってあげることが、長く一緒に暮らす秘訣です。

　飼育員や獣医師など、動物に関わる仕事をしている人に話を聞くと、お金の有無には関係なく、愛情をもって動物と向き合っていたという、子供時代の話をよく聞きます。もしあなたの身近に動物好きの子供がいるなら（あるいはあなた自身が動物好きの子供なら）、「野生ではどんなところに住んで、何を食べるのかをしっかり調べて工夫すれば、おこづかいでもいろいろな動物が飼えるよ！」と伝えてあげてください。

◆「この動物飼えるの？」と思った時の調べ方

さて、「珍しい動物を飼ってみたい」と思ったらどうすればいいでしょうか。第一に、日本で動物を飼育する際には、法律や規制を守る必要があります。それではどうやって、何を調べればいいのでしょうか。

まず、日本には様々な動物が生息していますが、基本的にそうした野生動物の飼育はできません。

獣医師をしていると「ケガをした鳥を保護したので診(み)てほしい」という相談がたびたび舞い込みます。

過去には、オオタカやフクロウが持ち込まれたことがありました。その時はまず、東京都の環境局で鳥獣保護を担当する人に連絡をし、「野生復帰を目指して治療をするために保護をする」という目的で自分の病院で預かりました。その後めでたく元気になったとしても、獣医師である僕も、拾って連れてきてくれた人も、そのまま飼育できるわけではありません。

明らかに危険な動物が飼育不可なのはわかりますが、狩猟の対象となる動物だったらどうでしょう？　鳥獣保護管理法（鳥獣保護法）で「狩猟鳥獣」に分類されているシカ、イノシシ、タヌキ、ウサギなどです。

これらについては、「狩猟期間内に限り捕獲等（捕獲又は殺傷）をすることができる」と定められ、「狩猟期間内に捕獲した後、管理（飼育）するのは狩猟期間を過ぎてもできる」と考えられています。

とはいえ、周囲とのトラブル、倫理上の問題、獣医療へのアクセスなど、法律以外の問題が山のようにあるので、現実的には飼育不可と考えていいでしょう。

◆知っておくべき法律・規制

次のような法律や規制も知っておくと役に立つかもしれません。

＊動物愛護管理法：動物の健康と安全を守り、動物に対する虐待や遺棄を防止するための法律です。特定動物（危険動物）の飼育には厳しい規制があります。

＊特定動物（危険動物）の飼育規制：人に危害を加える可能性のある動物やその交雑種は、すべて愛玩（あいがん）目的での飼育ができません。トラ、クマ、ワニ、マムシなど、哺乳（ほにゅう）類、鳥類、爬虫（はちゅう）類の約650種。

＊外来生物法：在来種や生態系に影響を与える可能性のある外来種は、飼育や取引が禁止されています（学術研究等の目的ならば主務大臣（環境大臣）の許可で飼育や取引できる）。特定外来生物や要注意外来生物に指定されたものは、特に厳しく規制されています。

＊地方自治体の条例：動物の飼育に関する条例は、地方自治体によって異なります。ペット

に対しては、登録やワクチン接種、不妊去勢手術などが義務付けられている場合があります。その他の動物に対しても、飼育数や飼育方法に制限がある場合があります。

＊ワシントン条約に基づく規制：絶滅のおそれのある野生動植物の種を保護するための国際条約です。附属書Ⅰ（絶滅危惧種。ジャイアントパンダなど）に掲載されている動物は、国際取引や国内取引が規制されています。

◆本書で取り上げている動物

この本で紹介している動物は、次の一覧のように法律や規制と関連します。ただし、これ以外の法律や規制などにも該当する場合や、例外などもあります。

また、法律改正などにより、関連する法律や規制の内容が変更される場合があります。

＊動物愛護管理法により特定動物（危険動物）に指定されている動物：カバ、キリン、シロサイ、アジアゾウ、チーター、チンパンジー。

＊外来生物法により特定外来生物に指定されている動物：アライグマ。

＊ワシントン条約の附属書Ⅰに掲載されている動物：アオウミガメ、アフリカゾウ、アジアゾウ、チーター、チンパンジー、シロサイ（亜種の例外あり）、ダチョウ、ツキノワグマ、フンボルトペンギン、レッサーパンダ。

＊ワシントン条約の附属書Ⅱに掲載されている動物：カバ、キリン。

◆動物園・水族館もお金に苦労している

動物園や水族館では、希少な動物が飼育されていますが、それも容易なことではありません。動物園や水族館には飼育や動物医療、展示のプロがいて、日々飼育技術向上に努めつつ、動物保護や研究に貢献しています。動物園や水族館の運営には、多くのコストがかかります。近年、飼育環境をさらに改善すべきという動きが生まれています。これは良いことなのですが、動物の快適な環境を確保するために、さらに多くの資金が必要となっています。

現在の日本では、資金や人材、施設のことで苦戦する動物園や水族館は少なくありません。ただ、コロナ禍をきっかけに周知が深まり、クラウドファンディングや寄付が活発になったのは良いことだと思います。

本書の読み方

本書の前提と構成は左の通りです。一般的な動物の本とはコンセプトが異なる点があります。

1

本書内の金額は、あくまでも目安としてお読みください。どのような動物飼育においても、予想外のことは生じるものなので、記載の金額のみで飼えるわけではありません。

2

本書掲載の動物は、ペットとして広く流通しているもの以外は、基本的に飼育不可です。実際の飼育には、法律や動物福祉などの観点からの問題があります。

3

本来なら飼えない動物飼育の大変さと比較するため、ネコ、インコなどの動物も掲載しました。これらの動物はペットとしての長い歴史を経て飼育環境が改善し、寿命が伸びています。健康・長寿のための新しい知見や、飼い主さんとの交流の中で得られた有益な情報も加えました。

4

飼育費用の円グラフは、その動物の特徴をよく示す項目を抜粋し、項目順で並べました。輸入や輸送、高度な医療など、一時的な使途は省略しました。

5

飼育費用は、注意書きがない場合は1匹（頭）あたりの金額です。筆者がアクセスし、参考にした情報が複数匹（頭）分の場合、餌代などは1頭あたりの金額を計算したものを採用した項目もあります。

6

円グラフに添えた「1日あたりの費用」は、「1カ月分」を30で割っています。小数点以下は切り捨てています。

7

電気代は、動物によって、暖房（冬）、冷房（夏）以外は必要なく「0円」の月があるものもあります。動物の特徴や飼育コストの特異性を強調するため、「1年分」を試算し12で割った数字を採用した場合もあります。

8

日々のコストに初期コストは含んでいません。初期コストとは、生体を購入する費用や基本的な飼育用品、餌の容器などの細かな必要品などです。

飼えない
動物、
一緒に
住んだら
いくら？

規制があったり、
危険だったり、
サイズが規格外だったりして
飼うのが難しい動物たち。
もしも飼ってみたら、
どのくらいのお金がかかって、
どれほど大変なのか、
考えてみました。

アザラシ

1日9266円

海辺に住んで漂着を待つ！
餌代は1カ月で7万5000円以上

- **アザラシ科**（学名：*Phocidae*）
- **主な生息地域**：北極圏から熱帯、南極圏までの幅広い海域
- **サイズ**：体長約140〜約440cm　体重50〜3700kg
- **食性**：肉食。大型プランクトンや小型魚類を食べる
- **特徴**：体重50kgのワモンアザラシから、3700kgに及ぶミナミゾウアザラシまで種類により体格が大きく異なる。ホッキョクグマの主食

◆海のそばの家で飼う

日本近海には、ゴマフアザラシ、ワモンアザラシ、ゼニガタアザラシ、クラカケアザラシ、アゴヒゲアザラシの5種が生息しています。古くからアザラシ猟が行われてきましたが、今は禁止されています。

しかしながら、必要があると認められた場合などには、捕獲や保護をすることができます。過去にアザラシが漂着した土地や回遊ルートに近い海岸をリサーチして、そこに家を建てたり借りたりして住み、アザラシの漂着を待ちましょう。過去にキタゾウアザラシが漂着した山形県鶴岡市で、月8万円ぐらいで好みに合ったマンションを借りることにします。

許可申請の手続きは煩雑で、手数料や書類代などがかかります。アザラシの個人飼育に許可が出ることはまずないでしょうが、これは空想なので、楽しく続けます。

◆プールに海水を入れる

アザラシは陸上でも活動しますが、水中で過ごす時間が長いので、プールが必要です。1部屋をプール専用スペースにしましょう。プールのサイズは縦横各2メートル、深さ2メートル。地元の工務店などに依頼して、数百万円で造ってもらえると仮定します。

プールに海水を運ぶ時間を短縮できるのが、海のそばに住む利点です。ただし、プールに投入する前に、消毒薬などを使って必ず消毒します。水族館では高度なろ過システムが整備されていますが、個人飼育なら手作業で水の入れ替えをしなければなりません。かといって、全量入れ替えると水質が激変してしまうので、毎日ちょっとずつ交換します。ウンチやオシッコで汚れるので、24時間体制で水の消毒と入れ替えを行うことになりそうです。これは重労働です。餌(えさ)代もかかるので、消毒液や清掃用品などは月3万円に収めます。

◆夏は暑さ対策を

アザラシは日本にも生息しているので、特別な空調は必要ありません。しかし、最近の夏の暑さには対策が必要です。プールの水は、できれば冷やしたほうがいいでしょう。年1回の換毛時にはエネルギーを消費するので、夏に暑すぎると体の負担が大きくなってしまい、注意が必要です。

◆餌代は1カ月で7万5000円

アザラシの主食は魚類です。水族館では、サバ、イワシ、シシャモなどを与えています。季節の魚を1キロあたり500円と換算し、アザラシが1日に5キロ食べるとしたら2500円、1カ月で7万5000円以上かかります。食費は高額ですが、咀嚼(そしゃく)せずに魚を丸飲みする豪快な食べ方は最高で、いつまでも見ていたくなるほどの愛おしさです。

「ズバリ推測」 月間家計簿

アザラシ

1カ月27万8000円
（1日9266円）

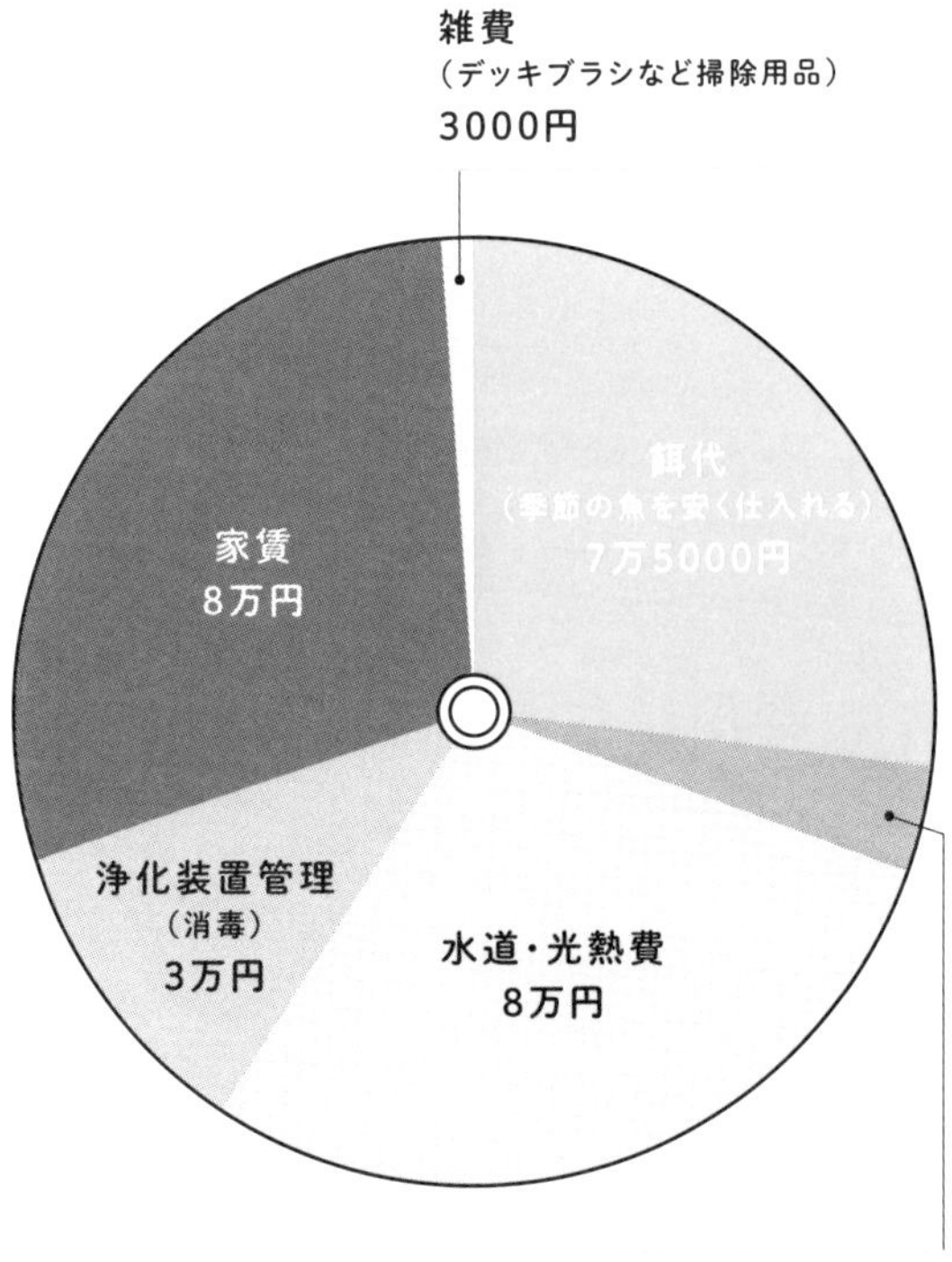

アライグマ

1日700円

器用になんでもベッドに仕立て上げるので、寝床は0円

- **アライグマ**（学名：*Procyon lotor*）
- **生息地**：北米の森林、湿地、農地
- **サイズ**：体長41～60cm　体重4～10kg
- **食性**：小哺乳類、魚類、鳥類から果実・穀類など幅広い
- **特徴**：手足が器用で、前足を水中に入れ獲物を捕える姿が洗うように見えたのが名前の由来といわれている

かわいいけれど、実は害獣

小さいころは、ぬいぐるみのようにかわいいアライグマ。しかし、おとなになると狂暴になり、手に負えなくなることが少なくありません。そのせいで、飼育不可の国もあります。日本では1980年代にアライグマブームが起こり、多くの飼い主が逃がしてしまった結果、アライグマは野生化して害獣となり、現在では法律で飼育は禁止されています。

人間の食材を分けるだけでOK

果物、野菜、ドックフードなどなんでも食べるので、人間の食材を分け与えて問題ありません。餌（えさ）代は、家族の食事に月額プラス1万円ほどでまかなえそうです。ただし、塩分や脂肪分が過度にならないよう、配慮してあげましょう。

この雑食性に加え、体が強いことが飼育にあたっての利点ですが、一方で増えすぎるのが問題の種でもあるのです。

寝床は0円

器用なので、野生では木の枝、家の中のものならクッションなど、身近にあるものを使って、アライグマ自身で寝床を作るのでベッドは0円です。動物園では、飼育場にマンホールがあれば、自分で開けて入り込み、蓋を閉めるところまでやるそうです。

ベッドが不要な代わりに、手（前あし）を洗う本能を満たせるよう、池は必要です。洗面器に水を張ったものでもかまいません。中にザリガニを入れると、大喜びでつかまえて食べます。外来種のアメリカザリガニは駆除の対象なので、捕まえてきて餌にすれば一石二鳥です。

◆100万円の脱走対策で1億円の罰金回避

アライグマは特定外来生物に指定されており、脱走させたら罰金です。個人なら300万円以下（もしくは3年以下の懲役）、筆者のような法人の場合は、なんと最大1億円です！ というわけで、飼育場には檻が必要です。イヌ用ケージでは抜け出してしまうので使えません。網の隙間は4センチ以下の檻を使い、檻の出入り口には脱出予防のため二重の扉を設置します。これらの設備を用意するのに100万円かけて、罰金を回避しましょう。

その他、噛みつき対策で、動物病院でよく使う3万円ほどの超頑丈な動物保定用の手袋が必要です。1年に1、2枚ぐらいの想定です。

◆病原体を保有しているかもしれない

最後に怖いことを言います。アライグマは、狂犬病やアライグマ回虫症などの病原体を保有している可能性が高いです。あなたが狂犬病を発症したら、おそらく助かりません。

「ズバリ推測」月間家計簿

アライグマ

1カ月2万1000円

（1日700円）

※日本国内、一般的な住居を想定

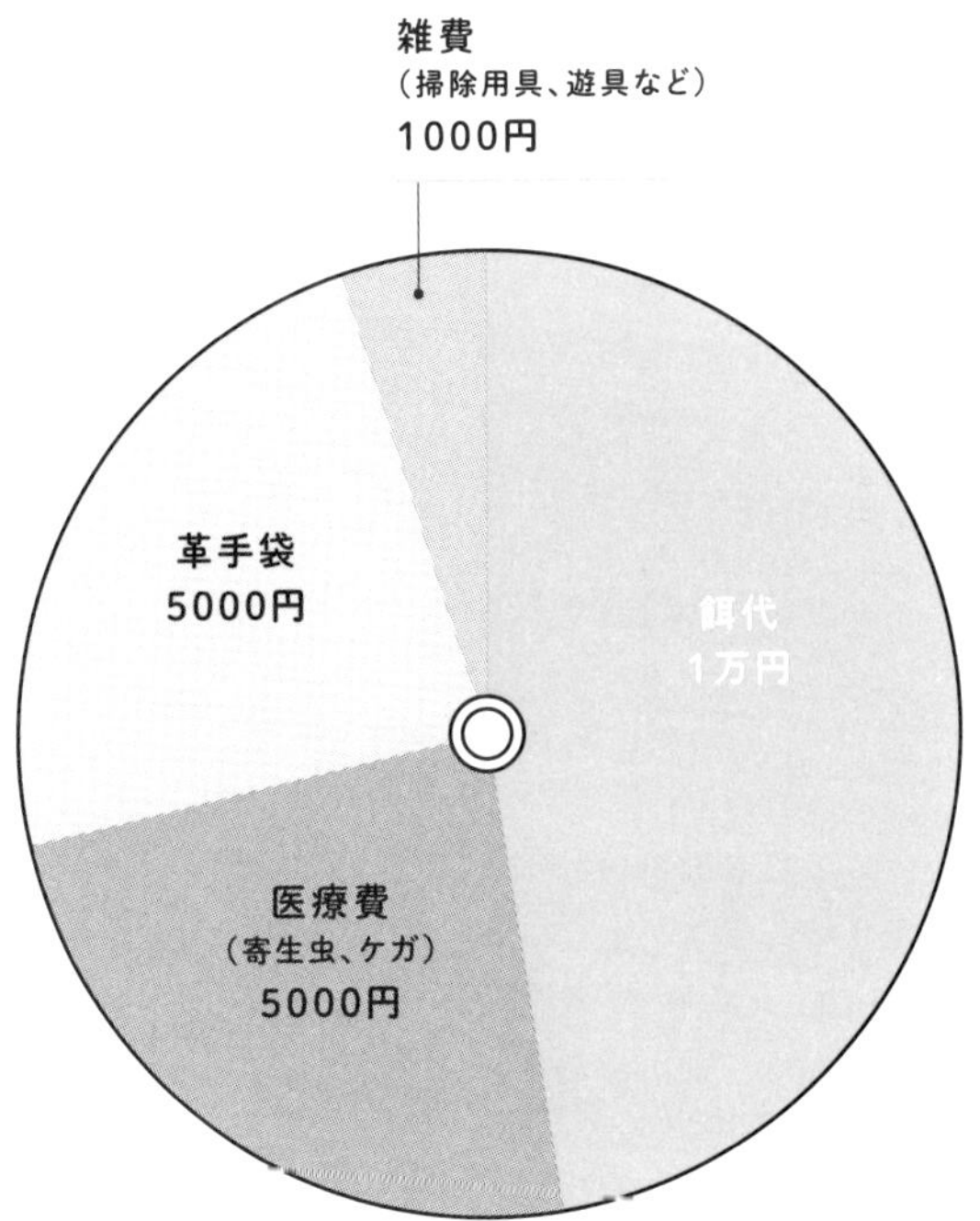

アルパカ

1日1433円

毛の再利用もできる、モフモフな人気者

- アルパカ（学名：*Lama pacos*）
- 主な生息地域：南米アンデス山脈、ペルー南部、ボリビアやアルゼンチンの一部
- サイズ：体高80～90cm　体重70～90kg
- 食性：草食
- 特徴：天然繊維の中で最高の品質とされる長く柔らかい毛を持つ。胃液と反芻（はんすう）した発酵（はっこう）物を混ぜた臭いつばを発射して攻撃する

アルパカと人の関わりの歴史は古く、紀元前4〜3世紀にはすでに南米で家畜化されていたとされます。諸説ありますが、毛の利用が主な目的だったと考えられています。

アルパカの個人飼育は日本の法律上ペット扱いのため、特別な届け出は不要です。とはいえ、海外では家畜であることを考えると、個人飼育に向いている動物とはいえません。

◆1頭200万円から

では購入費はどのくらいでしょうか。袖ケ浦ふれあいどうぶつ縁の園長の國立さんによると「毛色により値段が大きく変わります。一般的なホワイトが一番手ごろで（目安として100万円）、シルバーで3〜4倍」とのこと。ちなみにこれは國立さんの特別価格なので、一般の人がペットとして迎える場合には2倍以上になりそうです。

◆餌は牧草を購入して、月2万円

アルパカは完全な草食動物で、牧草や野菜などで満足します。食事の量は牧草だと1日に1・5キロほどで、月2万円ほどで足りるでしょう。燃料費の値上げなどの影響で輸入飼料は価格が高騰しがちなので、予算を補うため、無農薬栽培に挑戦するのもいいかもしれません。

◆高温多湿な日本では熱中症などに注意

食費が安く、生体も手が出そうな金額となると飼育しやすそうに思えますが、1つ問題があります。日本の高温多湿はアルパカにとっては過酷な環境です。冷房が効いた室内なら問題ありませんが、そうでなければ、風通しの良い小屋を庭などに用意してあげましょう。暑い夏と寒い冬は扉を閉めて風をシャットアウトして、さらに夏は冷房をかけます。

存分に走り回れるスペースも欲しいので、車6台分（約100平方メートル）ほどの場所を確保します。都心であれば、2500万円ほどかかるでしょう。

◆毛刈りは年に1回

毛刈りは夏前に年1回実施します。ヒツジ用のバリカンが4万円ほどで手に入りますので、これを使います。刈り落とした毛は宝物です。フリマサイトなどで、良い値段で売れるかもしれません。

日々の手入れは、1日1回20分のブラッシングとタオルで全身を拭いてください。同時に皮膚のチェックをしましょう。ブラシはイヌ・ネコ用の3000円ほどのものでかまいません。

前歯の下の歯だけが伸び続けるので、半年から年に1回は切ったり削ったりしてあげます。研磨ドリルなどの工具で代用しましょう。2万円ほどで購入できます。

アルパカ

1カ月4万3000円
（1日1433円）

※都内西部、10坪の平屋を想定。

項目	金額
餌代	2万円
獣舎管理費（糞処理など）	1万円
水道・光熱費（主に電気代）	7000円
医療費（感染症、寄生虫）	6000円

イルカ

1日9333円

プールの維持管理費が負担大
餌(えさ)は旬の魚で大丈夫

- **ハンドウイルカ**(学名:*Tursiops truncatus*)
- **主な生息地域:**世界中の海(温帯〜熱帯域)
- **サイズ:**体長300〜420cm　体重約500kg
- **食性:**肉食
- **特徴:**水族館でおなじみの種。全身が灰色で口先が太い

イルカは呼び名が違うだけでクジラと明確な区別はありません。世界には約90種のイルカ・クジラがいることがわかっており、日本近海には約40種いるとされます。

水族館では、海の色に溶け込むようなグレー系の色合いが美しい、ハンドウイルカやカマイルカがおなじみです。

まずは海のそばに移住します。空想なので思い切ったことを考えると、京都北部の「伊根(いね)の舟屋」のような海上住宅を建て、隣接する海に500平方メートルほど脱走予防のネットを張ります。すると、イルカが自然の海で泳げる「プライベートビーチ」が出現しました。住宅とビーチのための資金を1億円貯(た)めておきましょう。

食事は1日に約10キロの魚を、数回に分けて与えます。1キロ500円で調達できれば、1日5000円です。

日本最大級の水族館で、鯨類(げいるい)飼育の歴史も長い鴨川(かもがわ)シーワールド（千葉県）では、サバ、ホッケ、シシャモなどを与えています。

◆健康のためのトレーニング

イルカは毎日の検温と、必要に応じてエコー検査やレントゲン、血液検査などを行います。専用体温計はないので、プローブという紐（ひも）のついた哺乳（ほにゅう）類用の体温計や、プローブ式水温計で代用します。検査にはイルカの自発的な協力が必要になるので、普段からのトレーニングが重要です。トレーニングに使うホイッスルは、イヌ用のものが約5000円で入手できます。

ベテランイルカは新人トレーナーを軽視しがちなので、時間をかけても根気強く信頼関係を築きたいものです。イルカが興味を示したらしっかり応えるなど、誠実な態度を示しましょう。もし嫌われてしまったら、あなたが呼んでも無視されるかもしれません。

◆イルカは2時間に一度皮膚（ひふ）が新しくなる

イルカは2時間に一度新しい皮膚が作られます。ジャンプするたびに古い皮膚である垢（あか）を落とし、新陳代謝を促（うなが）すことで、速く泳ぐ体を維持しているのです。年齢や体調によって自分で垢を落としきれなくなると、皮膚がぬるぬるしてきます。手でなでるようにして、垢を落としてあげましょう。

「ズバリ推測」月間家計簿

イルカ

1カ月28万円
(1日9333円)

ウミガメ

1日4566円

海のそばに引っ越して、海水用の頑丈な水槽を造るところから

- **アオウミガメ**（学名：*Chelonia mydas*）
- **主な生息地域**：インド洋、大西洋、太平洋など世界各地の亜熱帯から熱帯の海
- **サイズ**：体長最大約150cm　体重最大約320kg
- **食性**：海草、海藻
- **特徴**：小さな頭とつるっとした甲羅が特徴。優しそうな目元が魅力的

カメの種類については諸説あり、現在約３００種類が存在するといわれています。生息環境によって、陸棲（りくせい）、水棲（すいせい）、半水棲のグループに分かれます。陸棲の種はリクガメ科などで、水棲の種はウミガメ科などです。

ペットとしては、淡水性のミシシッピアカミミガメ（通称ミドリガメ）がメジャーですが、ここでは美しく魅力的なウミガメと暮らすことを想像してみましょう。

ウミガメにも様々な種があり、アオウミガメとアカウミガメがよく知られています。アカウミガメは肉食性、アオウミガメは草食性なので、アオウミガメの方が飼育しやすそうです。

では、水槽の準備から。カメの甲長が50センチなら、５００×２５０×２５０センチ以上の水槽を用意します。トン単位で水が必要なので、天然の海水を引き込める、海のそばに引っ越しましょう。親切な専門業者が見つかれば、水槽製作は２００万円ほどでやってもらえるかもしれません。

アオウミガメは大量のウンチをするので、水槽には超強力なフィルターが必要です。3トンの水槽用のフィルターなど存在しませんので、150万円ほどの材料費で自作に挑戦します。ろ材やフィルターなどの消耗品だけで、少なくとも月5万円はかかります。

◆フィルターとヒーターは24時間稼働

電気代も超高額です。フィルターは24時間稼働で、季節によってはヒーターも必要になります。温暖な海域を再現するため、水温を25～28度に保ちます。契約プランや季節などによって異なりますが、電気代は月々7万円以上は覚悟したほうがよさそうです。

ちなみに、自然界では甲羅（こうら）干しをする個体も確認されているので、水槽内で自然光が当たるところに陸地を設置してあげるといいかもしれません。

◆餌（えさ）は野菜も活用

アオウミガメの主食は海草や海藻です。海で取ってくるほか、野菜などを併用し、月1万円に収めたいところです。ただし、海での採取は密漁にならない場所で行ってください。

想像以上の高額だと思われたかもしれませんが、万一病気にでもなれば、さらに予想外のお金がかかります。

「ズバリ推測」月間家計簿

ウミガメ

1カ月13万7000円
(1日4566円)

※海水を引き入れられる海辺の住居を想定した空想上の概算

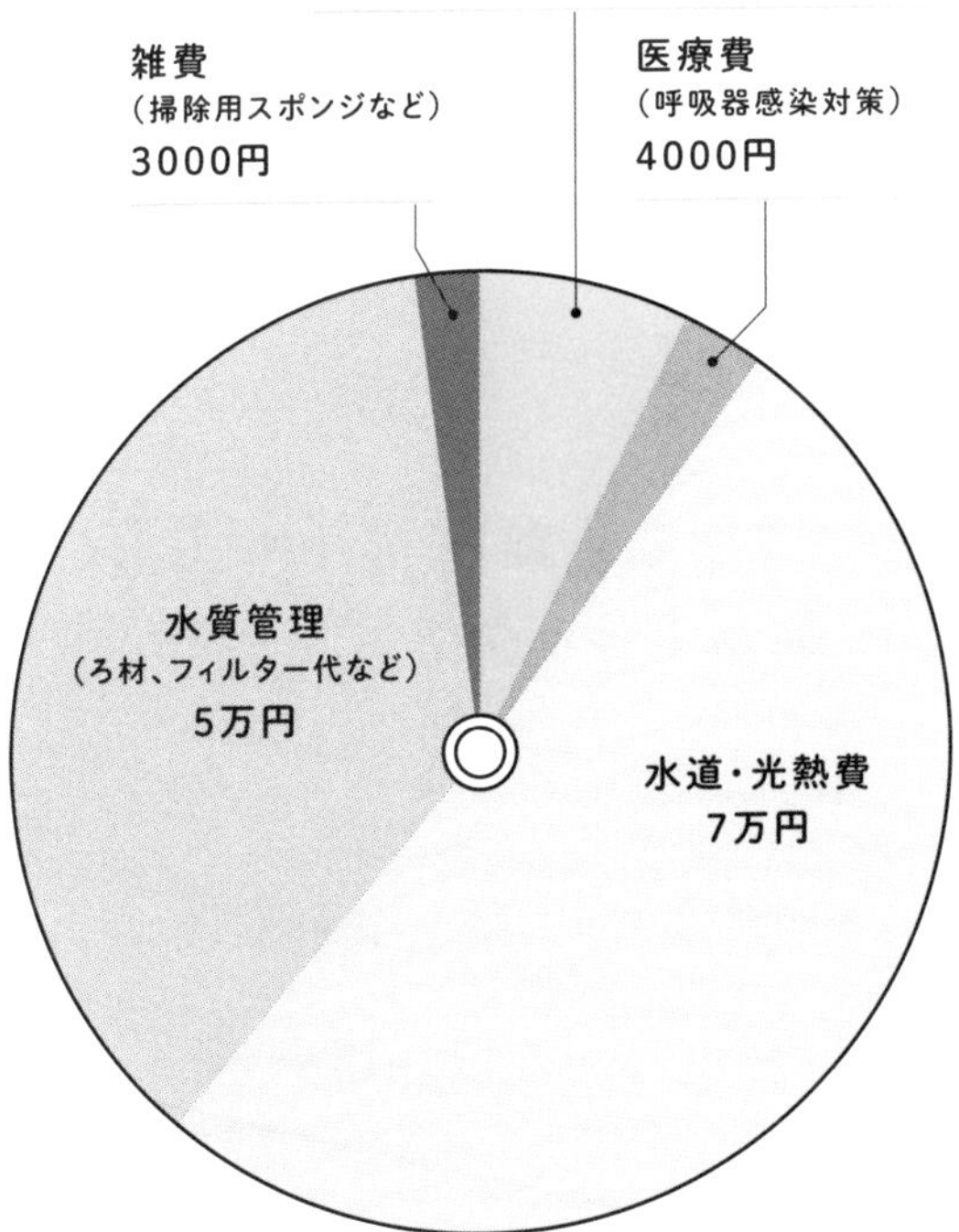

ウマ

1日2666円

小さなウマなら難度は下がるものの餌(えさ)はトラックで買い付け

- **ウマ**（学名：*Equus caballus*）
- **主な生息地域**：現在は世界各地で飼育されている
- **サイズ**：種類により体高70～180cm　体重40～1200kg
- **食性**：草食
- **特徴**：イヌ程度の大きさのファラベラから、日本在来のウマ、比較的大きいコネマラポニーなどまで含む。肩までの高さが147cm以下のウマの総称がポニー。ポニーは小型ながらパワフル

ウマには様々な種類があります。日本で最も多く飼育されているのは、競走馬として有名なサラブレッドだといわれています。

ふれあい動物園などで活躍する、体高が147センチ以下の小型馬をポニーといいます。サイズが小さければ飼育する難度がやや下がりますので、このサイズで考えてみましょう。


もしも郊外の庭付き一軒家で、ポニーと一緒に暮らしたら。まず、30年は生きるので必要な資金を用意し、終生飼育の覚悟を決めるところからスタートです。購入費用は50万円から数千万円は覚悟しなければなりません。年齢や品種などにより変動しますが、70万円出せば入手できそうです。

次に、飼育設備です。中で体を自由に動かせる小屋や放牧場、柵なども必要です。自分で造れば、材料費100万円ほどでできそうです。

寝室の環境は重要です。おが粉を敷き詰め、足の保護をしながら、ウンチやオシッコで汚れたところを捨てて清潔に保ちます。林業が盛んな地域であれば、おが粉を業者から分けてもらえるかもしれません。

最近の夏は暑いので、小屋のサイズに合わせてクーラーを設置します。これに10万円ほど。6～9月はクーラーが必要と考え、光熱費は月々5000円前後を想定します。あるいは、ポニーのために涼しい上地に引っ越すのも手です。

◆トラックで餌を買い付け

餌は牧草のチモシーやふすま、大麦などで、量の目安は、チモシーなら1日2キログラムです。少量ならペットショップやネット通販で入手できますが、トラックで大量仕入れできるところを探して、なんとか1カ月2万円ほどですませます。

餌や資材を運ぶために、軽トラを1台所有しておくことをおすすめします。

◆健康のための費用は惜しまない

ウマは足を傷めやすいので、足、蹄のケアが重要です。専用の洗い場を設置し、毎日足を洗浄します。それから3カ月ごとに蹄を削る「削蹄」が必要です。プロに依頼すれば1回3万円なので、月1万円です。様々な専用道具が必要となりますが、自分でやればタダです。

最後に、とても重要な病気の話。馬インフルエンザや馬コレラなどの感染症は注意が必要です。ワクチンや薬などはありますが、かなり高額です。ポニーを診てくれる獣医さんも少ないので、事前に探しておく必要があります。1回の診察で往診最低2万円かかるでしょう。

ウマ

1カ月8万円
(1日2666円)

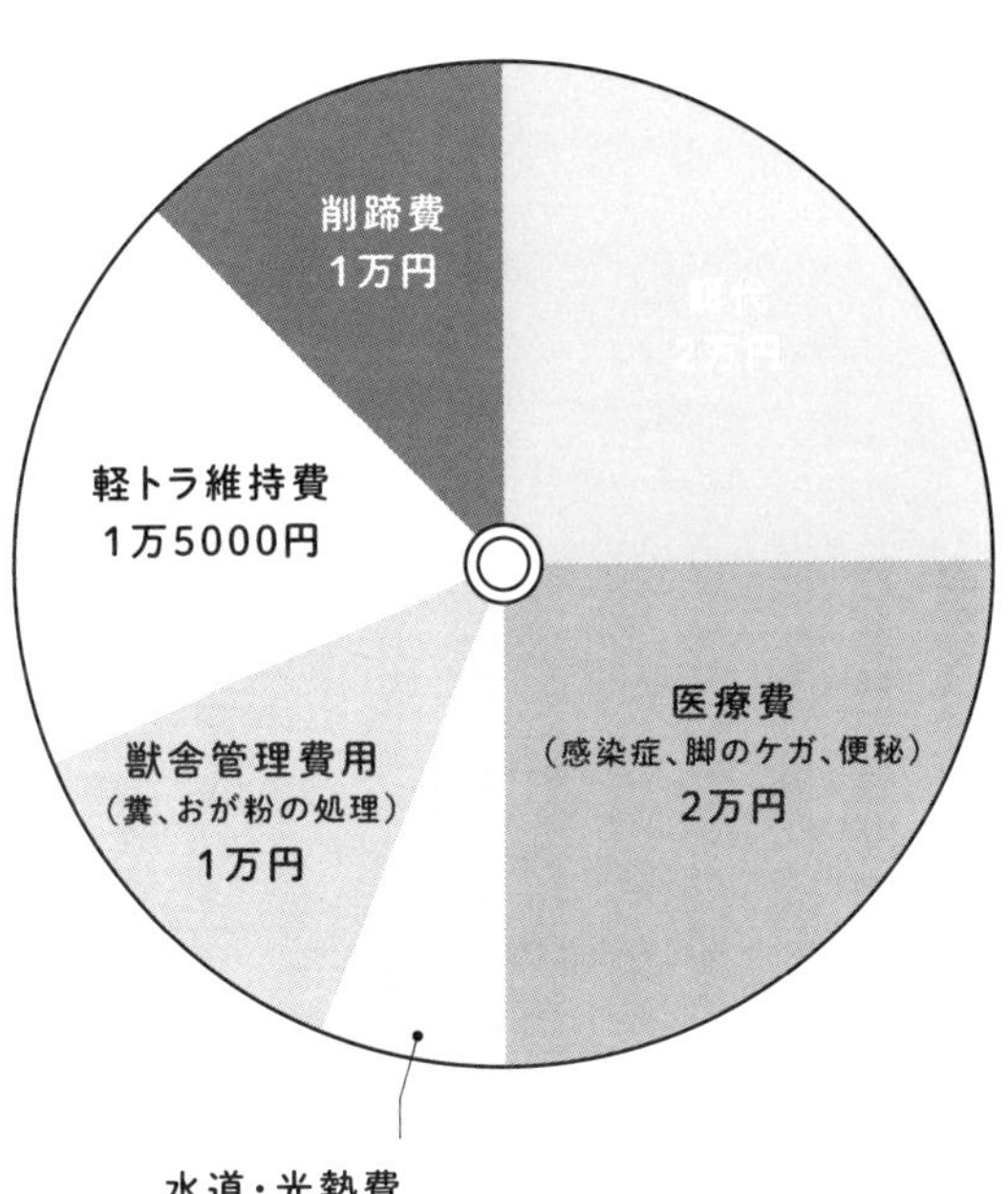

オオカミ

1日3566円

3000万円で敷地をリフォーム 賢くドッグランを利用

- **シンリンオオカミ**(学名:*Canis lupus lycaon*)
- **主な生息地域:**北米の五大湖地域、カナダ南東部
- **サイズ:**体長100〜150cm　体重50kg以上
- **食性:**肉食
- **特徴:**オオカミの中で最も大きく頑丈な体をしている

オオカミはイヌ科の動物で、北半球に広く分布しています。日本にもニホンオオカミとエゾオオカミがいましたが、残念なことに、どちらも絶滅しました。
オオカミは家畜や人間を襲うとの理由で駆除の対象となる一方で、農作物や家畜を守ってくれるという一面も。オオカミを家畜化し、猟犬や番犬として利用してきた民族もいます。
日本の動物園では様々な世界のオオカミを飼育・展示しており、中でもシンリンオオカミが数多く飼育されています。シンリンオオカミの自然分布地はカナダ北西部、アメリカ北西部などで、オオカミの中では最も体が大きい部類に入る種です。

シンリンオオカミはオオカミの中では人間に対して比較的友好的ですが、イエイヌとは全く異なります。闘犬として改良されてきたピットブルどころでない野性味や鋭い眼光は、他の動物にはない魅力です。もしも飼育するなら、天性の身体能力や攻撃性を活(い)かし、狩猟や遊びのパートナーになってほしいですよね。

飼育には100平方メートル以上の広い敷地と脱走予防の高いフェンスが必要です。脱走を防ぐために、出入り口には二重扉が欠かせません。飼育場のあちこちに木を植え、身を隠せるようにします。せっかく飼っていてもなかなか姿を見ることができないかもしれませんが、仕方ありません。予算のイメージは、3000万円からといったところでしょうか。

餌代や水道光熱費、医療費など、最も安く見積もっても100万円が最低限といったところでしょう。

◆ドローンで運動不足解消

優れた身体能力を持つシンリンオオカミには、たっぷり運動をさせなければなりません。用意した広い敷地内で、シンリンオオカミが満足する遊びを提案してあげましょう。

たとえば、ドローンにウシやブタなどの生肉を付け、追いかけさせる遊びなんていかがでしょうか。紐の先に肉を付けて引っ張るのもいいかもしれません。人間の運動やダイエットにも良さそうです。ドローン購入予算は10万円ほどとしておきましょう。

◆餌は生肉とドッグフード

動物園では牛の生肉などを与えていますが、無添加のドッグフードなども利用できます。1日の食事量の目安は2～5キロですが、絶食日を設けることがポイントです。自然界では、狩りでいつも食べ物が得られるわけではないからです。

様子を見ながらドライフードと生肉の配合を変え、月8万円ぐらいに収めたいですね。

「ズバリ推測」月間家計簿

オオカミ

1カ月10万7000円
（1日3566円）

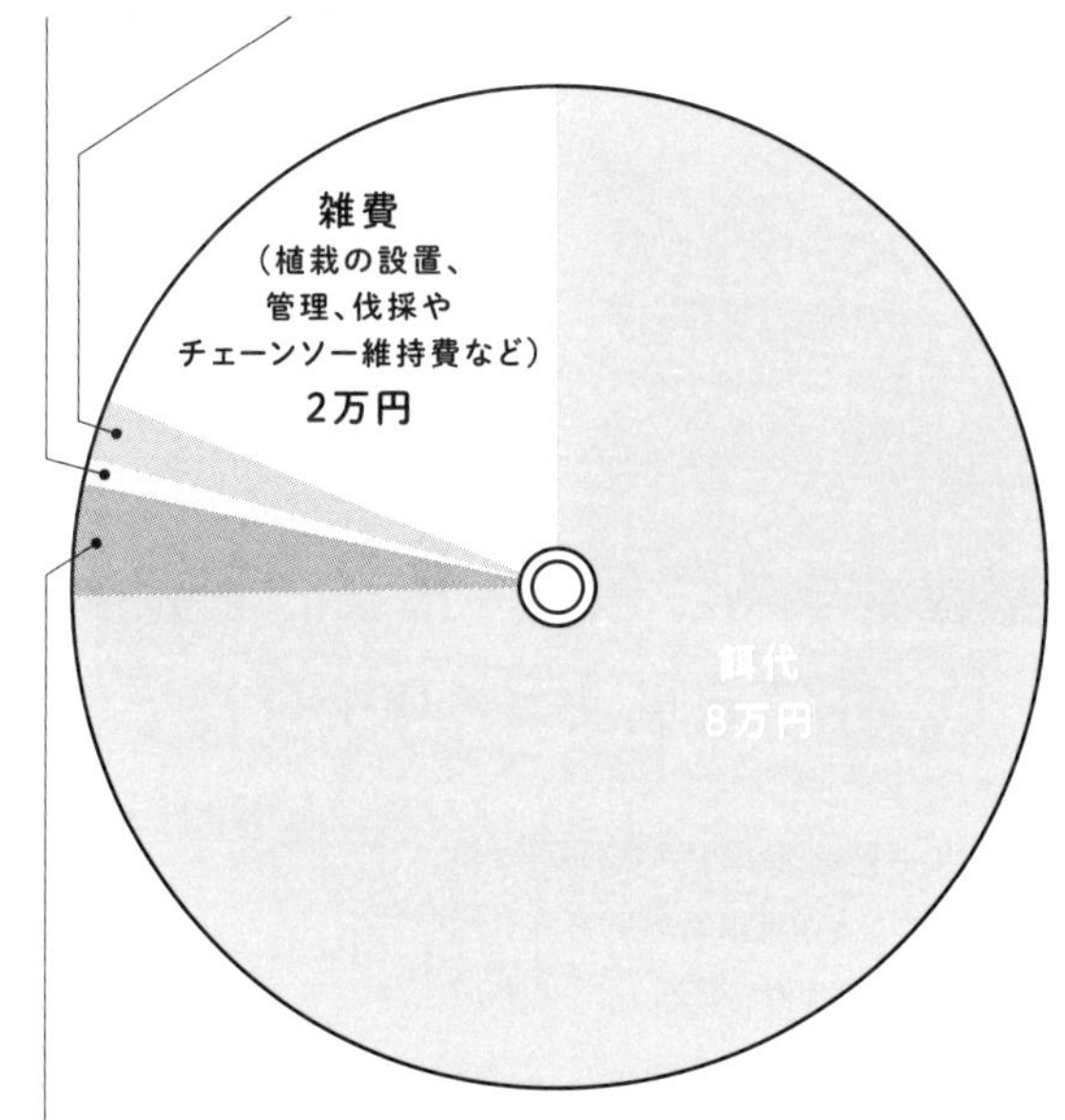

カバ

1日1万383円

部屋をまるごとプールにして提供
餌(えさ)の量は1日40キロ！

◆ **カバ**（学名：*Hippopotamus amphibius*）

◆ **生息地**：サハラ砂漠以南のアフリカ大陸

◆ **サイズ**：頭胴長300〜400cm　体重1500〜4000kg

◆ **食性**：草食性（主に草、動物園では牧草、ペレットなど）

◆ **特徴**：大きな口、大きな牙を持つ。目は頭部の上の位置に飛び出し、鼻の穴は上向きについていて、自分の意志で開いたり閉じたりできる。耳も水の中では閉じる

カバは草原の川や湖の周辺で、２～50頭の群れを作って生活する動物です。暑い日中は水の中にいますが、夜になると陸に上がり草を食べて過ごします。

どっしりとした体つきですが、陸上では時速40キロで走れるといわれています。人類最速のウサイン・ボルトでさえ、走る速さは１００メートル約10秒です。これを時速に換算すると時速36キロなので、カバの勝ちです。

カバに本気で追いかけられたら、ボルトでさえ追いつかれてしまう計算となりますが、安心してください。カバは持久力がないため、あなたが人類最速でなくとも、逃げ切ることはできそうです。ただし、カバは水中ではさらに早く、時速60キロにもなるそうです。

そう、どことなくまったりしたイメージで、のろそうに見えても、カバはとても機敏な動物です。しかも、草食動物の中でもトップクラスに力が強い動物なのであなどれません。

カバは大型動物なので、広いスペースを確保する必要があります。約60平方メートルのファミリータイプ・マンションなら、居室全体をプールにするといいでしょう。人間も一緒に住みたいと思うかもしれませんが、なにぶんにも重量級かつ最強の生き物です。カバと人間の生活空間は分けましょう。

プールの材質は、頑丈で透明度に優れたアクリル樹脂をおすすめします。アクリルだけで1350万円以上かかります（それ以外の設置費なども莫大ですが、いったん見なかったことに）。

◆ウンチやオシッコをまき散らすけど許してね

カバは多くの時間を水中で過ごし、夜になると陸に上がり草を食べて過ごします。陸上部分も必要なので、1DKマンションのDK部分を陸地にします。

プールには大量の水が必要です。陸上でも水中でも、ウンチやオシッコを尻尾を使ってまき散らす「まき糞（ふん）」をするため、水の汚れがひどく、掃除は大変です。

でも、このまき糞には、自分の匂いを付けて安心する場所を作る、濁った水中に身を隠すといった目的があるようです。

◆オスを飼育するなら追加コスト

比較的穏やかなメスならまだしも、オスを飼う場合は要注意です。

オスは縄張り意識が非常に強く気性が荒いため、自分のテリトリーに入ってきたものに対しては容赦ありません。友人でも連れて来ようものなら、大きな口で噛（か）みつき、体当たりをしてくるかもしれません。

飼い主であるあなただって、いつ愛するカバの攻撃対象となるかわかりません。

きっとマンションは傷だらけとなるでしょう。マンションの壁に鉄筋を入れられれば安心です。1000万円ほどでできそうです。

カバ飼育には、24時間の換水・浄水システムが必要となります。水質が悪化すると皮膚(ひふ)や目の病気になりやすいという問題があるからです。

換水・浄水システムの費用について、かなりざっくりと、次のように計算してみました。

プールの容量の10パーセントを1日に換えるとすると、約4・5立方メートルの水を使うことになります。この場合、水道代は月3000円程度と見積もられます。ろ過装置と紫外線殺菌装置を併用するとさらに安心ですが、ランニングコストは月1万円ほどかかりそうです。

電気代と水道代で、月々16万円以上はみておきましょう。換水用のポンプやホースなど、運用上のこまごまとした出費は免れません。

前歯に干し草などがからまって歯肉炎にならないように、1日1回から2回は歯磨きが必要です。洗車用ブラシを使って、歯磨きごっこ遊びとして楽しみましょう。

このカバの歯はすごいです。下顎(あご)には40～50センチにもなる巨大な犬歯が2本生えており、口は150度ほどまでガバッと開くことができます。力が強く、ほとんどの外敵を咥(くわ)えて投げ飛ばすことができます。水中でサメに襲われたカバが噛(か)み付いて、次々に陸まで投げたという記録があるほどです。

◆カバは1日約40キロも食べる大食漢

設備費に比べれば、餌代(えさ)なんて安いものです。カバは草食動物で、1日に約40キロの草や木の葉を食べます。牧草も良いです。牧草がキロあたり約100円とすると、餌代は月々12万円になります。

カバを自宅で飼うのは、現実には絶望的なのがおわかりいただけたと思いますが、すでにお話したように、カバは（ラクダと並び）陸上最強の動物です。生命の危機があるので、飼育は動物園にお任せください。

「ズバリ推測」  月間家計簿

カバ

1カ月31万1500円
（1日1万383円）

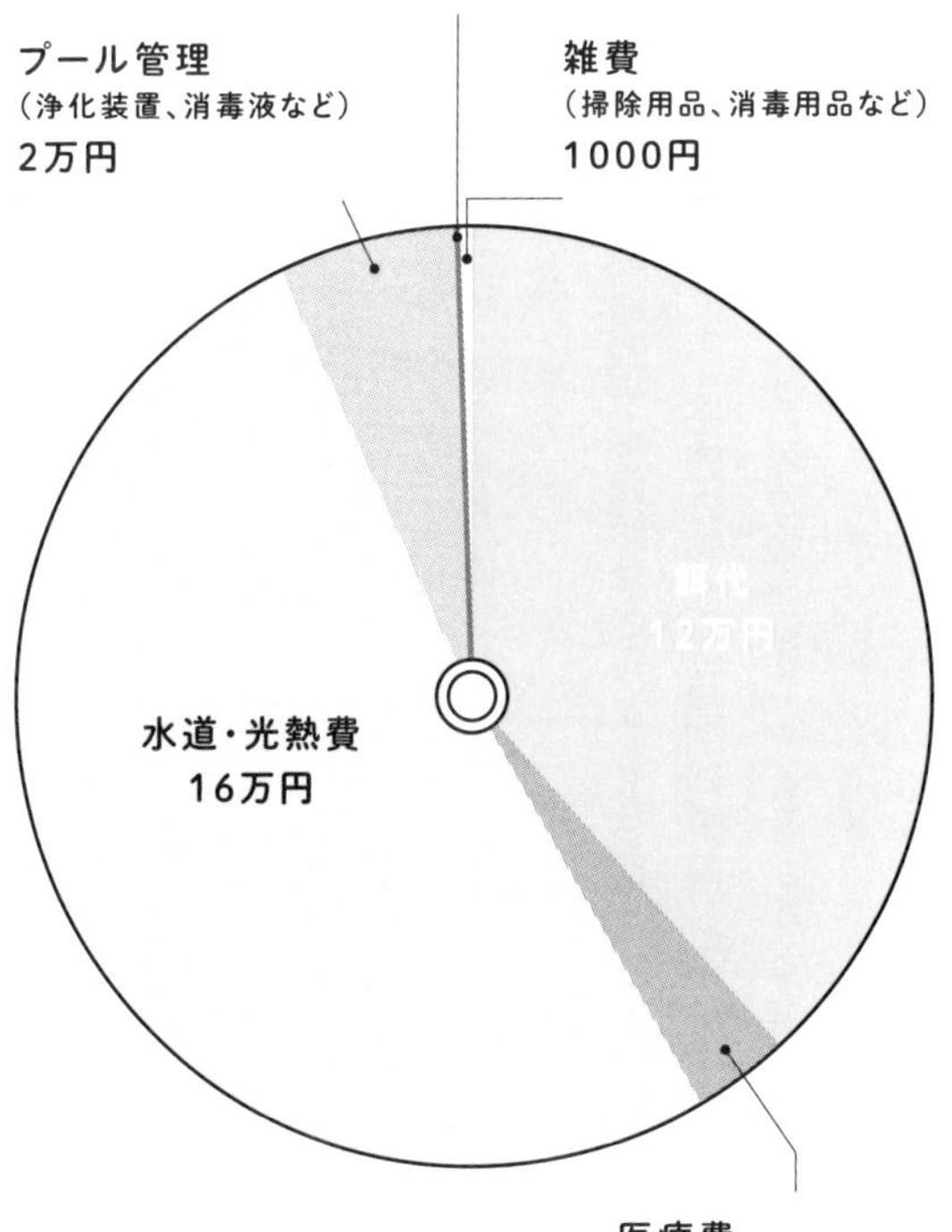

コラム

動物園の「物々交換」

動物園や水族館では、新しい動物を飼育するために、動物を交換することがあります。この交換は、お金のやり取りなしで、動物と動物の交換をするものです。動物は「物」ではありませんが、「物」の字が入るので「物々交換」という言葉がぴったりかもしれません。

動物を交換する理由や意義は少なくありません。まず、「新しい動物が入った」というニュースは、来園者へのアピールになります。人気の出そうな動物を得ることで、来園者を増やし、教育活動を充実させられる可能性があります。

では、「新しい動物が欲しい」と考えた動物園や水族館はどうすると思いますか？

まず、その動物を飼育する動物園を探します。目的の個体が順調に繁殖しているかどうか、オスとメスの飼育頭数のバランスはどうか、繁殖可能年齢であるかどうかなどを調べます。その後、交換の申し出がうまくいくと、無償で入手できたり、もしくはブリーディングローンという制度を利用して借りられたりすることがあります。

ブリーディングローンとは単なる貸し借りでなく、「良好なペアを作り動物園で個体を増やすために動物を貸し借りすること」です。この制度の根底には、「動物は動物園や水族館のものではなく、地球からの預かりものである」という考えがあります。ゆえに、繁殖がうまくいったとしても、その後の子の取り扱いは厳重に定められます。たとえば、「子が生まれたら第一子は貸し出した方、第二子は借りている方が預かる」といった取り決めをします。生体に対するお金のやり取りは発生せず、輸送費のみを借り受け側が負担します。

今は、金銭的にゆとりのない動物園や水族館も少なくないため、今後の人気を見越して動物を増やしておくには良い方法です。

ちなみに、国内だけでなく、海外まで視野に入れると、意外な種が大人気になったりします。たとえばタヌキ。里山や人家の近くにいて、都心での目撃証言も少なくありません。日本では動物園にいても珍しくないため、あまり人気が出ないのですが、れっきとした日本の固有種です。海外でのニーズが高まり、突然価値が上がったりするから面白いものです。

以前は、動物商と呼ばれる専門業者（92ページ参照）から動物のリストが送られてきた時代もあります。しかし、これは予算ありきの話なので、前年度からの予算取りが必要です。

異なる種同士の交換だけでなく、同じ種の動物同士を交換することがあります。同じ施設内で同じ血統の個体ばかりを繁殖させていると、近親交配が起こり、疾患などのリスクが高まってしまいます。そこで、同一種でも異なる血統の動物同士を交配させることで、遺伝的多様性を保つことができるのです。

カピバラ

1日833円

畑の隅に手作り小屋と池の造成で100万円

- **カピバラ**（学名：*Hydrochoerus hydrochaeris*）
- **主な生息地域**：南米、アマゾン川流域を中心とした温暖な水辺
- **サイズ**：体長105～135cm　体重50～60kg
- **食性**：草食性。乾草や果物、野菜
- **特徴**：穏やかな性格で、人間にもなつく。高温多湿の南米の湿原に生息するため、乾燥には弱い

カピバラは特定動物に指定されていないため、意外にもペットとして飼うことは可能です。とはいえ、かなりの準備と費用が必要なので、カピバラの生態や特徴を予習しながら、お金のことを考えてみましょう。

カピバラは成長すると、体長は1メートル以上、体重は50キロ以上になることもあります。敵から身を隠すために5分近く潜ることがあるなど水泳が上手で、水を好む動物なので、カピバラが全身を浸せる水場と、十分な広さの陸上スペースを用意しましょう。

もしもあなたが運よく畑を所有しているなら、畑の隅に小屋と池を造成し、カピバラの屋外飼育にチャレンジするといいかもしれません。可能なところはＤＩＹで頑張れば、１００万円で収めることができそうです。

カピバラの幸せを願うなら、できれば2頭以上の複数飼育を検討してください。費用や手間も増えますが、群れならではの生態も観察できますよ。

ただし、子どもを増やさないのであれば、オスへの去勢手術を検討します。去勢手術には、オスが複数いる場合の闘争を予防するという面もあります。オス同士のけんかで、背骨が折れて亡くなった例もあるほどです。

カピバラは、精巣が腹腔(ふくこう)内にあるという特徴を持っています。一般的な動物のように精巣を体外に出して切除することが行えないため、街の動物病院では対応できないでしょう。動物園勤務経験のある獣医師なら、1頭10万円ぐらいでやってくれるかもしれません。

◆食費は月に1万5000円

カピバラは草食動物で、一日に2～3キロの乾草やペレット、果物や野菜を食べます。食費は月々1万5000円ぐらいでしょう。

◆伸び続ける歯を定期的にカット

カピバラの健康のためには、冬場のヒーターが必須です。床に置く形だとかじられてしまうかもしれないので、ぶら下げる形のものがおすすめです。

もう1つ、他のげっ歯類と同様に歯の健康管理も重要です。歯が伸び続けるので、飼い主自身で切れるように練習するか、獣医師に切ってもらうかして2カ月に1回、歯をカットします。カットには電動工具のグラインダーなども使えます。

その辺に落ちている木や石をカピバラにかじらせ、自然に歯を削れるように誘導できれば無料ですみます。

「ズバリ推測」　月間家計簿

カピバラ

1カ月2万5000円

（1日833円）

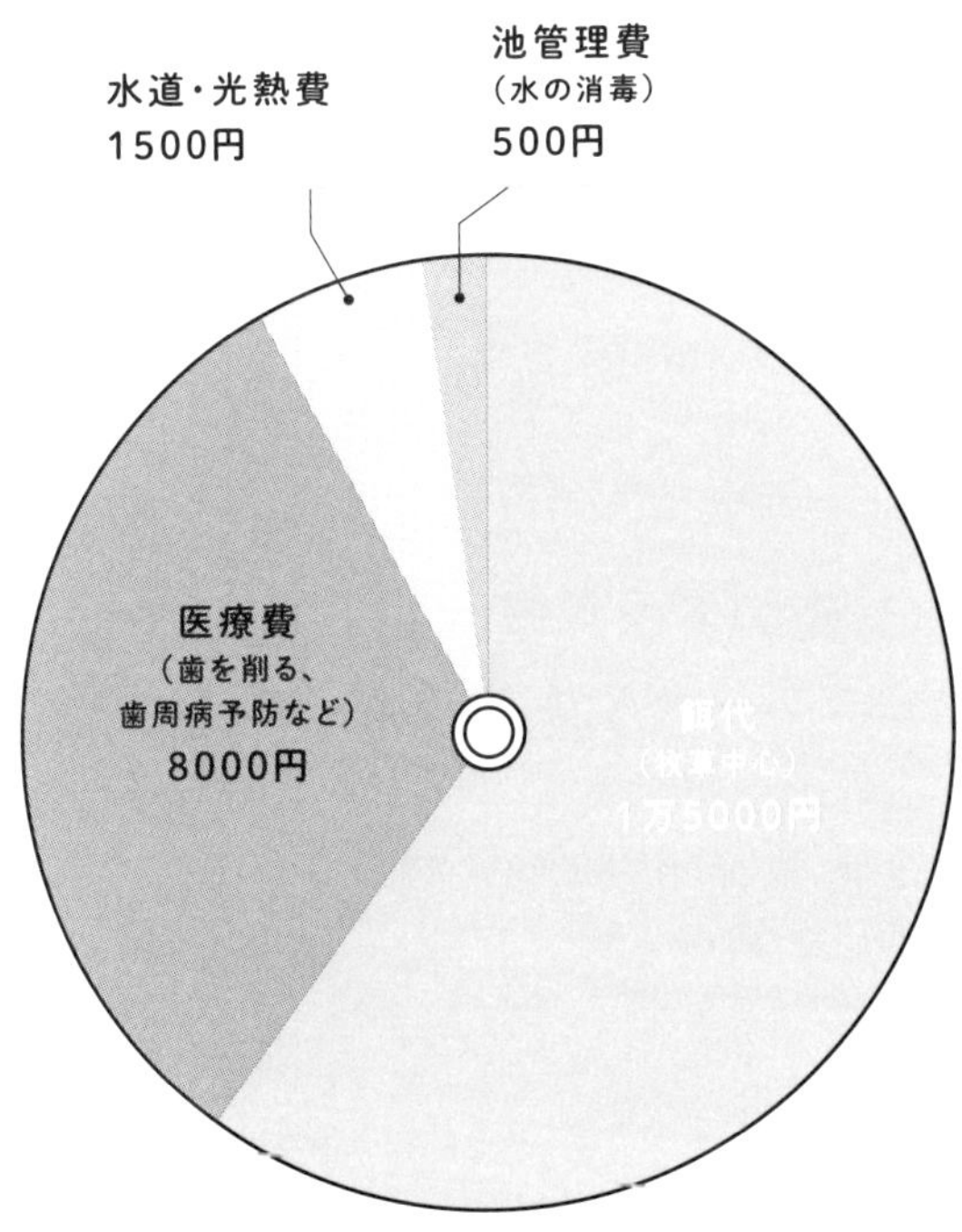

カンガルー

1日5666円

夜のドッグラン貸し切りで
思う存分運動を

- **アカカンガルー**（学名：*Macropus rufus*）
- **生息地：**オーストラリアの草原地帯
- **サイズ：**体長83～169cm　体重30～80kg
- **食性：**草食
- **特徴：**カンガルーの中で最も大きく、世界最大の有袋類（ゆうたいるい）。メスはお腹にある袋状の育児嚢（のう）で子供を育てるカンガルーは日本どころか、生息地のオーストラリアでもペット飼育は一般的ではありません。でも、一緒に暮らすことを空想するのは楽しそうです。最大種のアカカンガルーなんて、筋肉質の後ろ脚がたくましくてすてきです。身体能力が高く、ジャンプの高さは2~3メートル、幅は7~8メートルは余裕です。動物園では飼育員の頭上をジャンプして飛び越えることもあるほど。

太い尻尾もほぼ筋肉でできていて、尻尾だけで立つこともできます。

カンガルーは、室内飼いでは十分な運動ができません。夜行性なので、たとえば、毎夜ドッグランを貸し切りにして、思う存分飛んだり跳ねたりさせるのはいかがでしょうか。もちろんドッグランは犬用なので、カンガルーの利用は断られるでしょう。あくまでも空想上の話ですが、仮に1時間2000円だとしたら、1日2時間走らせると月12万円となります。

自宅のほとんどはカンガルーの寝室として提供しましょう。カンガルーが飛び出したり、天井に頭をぶつけたりしないための対策が必要です。

牧場などで使う大きな牧草のかたまりを四方の壁を覆うように敷き詰めると、いい緩衝材になります。天井や照明器具も壊されないようクッション材を貼りつけましょう。自分でやれば材料費10万円で収まると思います。

◆成長したオスの赤い分泌物

アカカンガルーならではの健康管理にもお金がかかります。オスは成長すると喉元から胸にかけて赤い分泌物が出て、まさに名前どおりの風格が出てきます。この分泌物は臭いので、1日2回以上は部屋の掃除が必要です。メスなら分泌物がないので飼いやすいかもしれません。掃除道具には毎月1万円ぐらいかかりそうです。

◆新鮮で軟らかい草をあげる

ペット飼育なら、牧草を主食とし、リンゴやキャベツなどの野菜や果物をおやつとして与えましょう。問屋からまとめて仕入れる、旬の安い野菜や果物を利用するなどの工夫をすれば、月2万円ですみそうです。

ただし、「カンガルー病」という口の中の傷からの細菌感染が起こりやすいので、かたい草は与えないようにしましょう。歯ぎしりでこの病気に気づくことが多いようです。

「ズバリ推測」　月間家計簿

カンガルー

カ月　円

（　日　円）

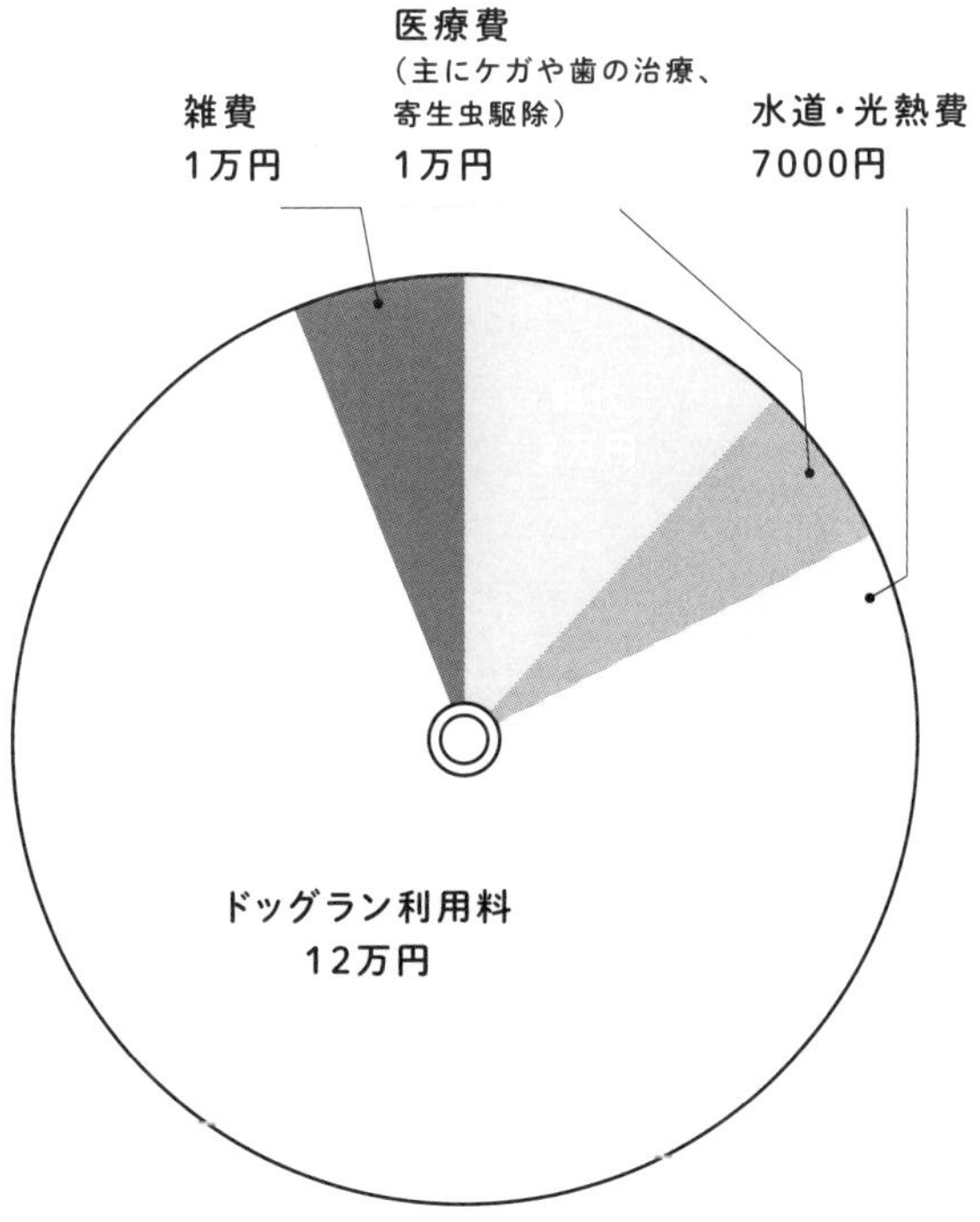

キリン

1日3666円

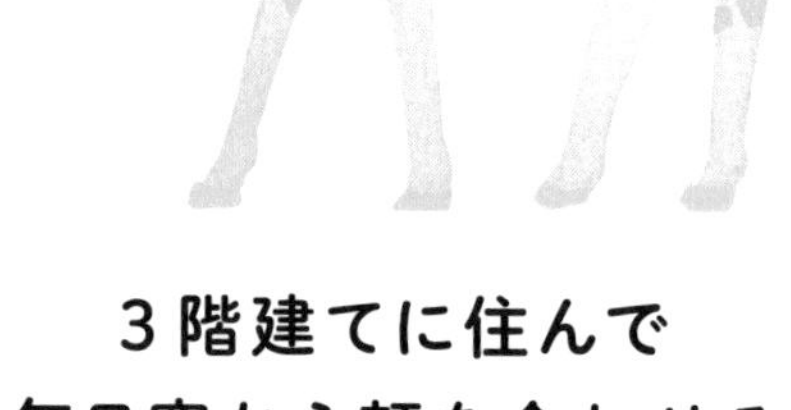

3階建てに住んで
毎日窓から顔を合わせる

◆ **キリン**(学名:*Giraffa camelopardalis*)

◆ **生息地:**サハラ砂漠以南のアフリカ大陸。主にサバンナや草原地帯

◆ **サイズ:**頭までの高さ450〜580cm　体重750〜1500kg

◆ **食性:**草食性(木の葉や木の枝)

◆ **特徴:**世界で一番首が長い生き物。50cm以上ある長い舌で高い木の葉を食べる

キリンは母親と子供中心の母系の小さな群れで生活します。メスは自分以外の子供のお世話もします。

ライオンを倒す強力キック

平和そうな顔をしていますが力は強く、回し蹴りは強烈で、ライオンをも倒す破壊力があります。飼育員は、キリンの斜め後ろに立ってもスパーンと蹴られます。

この恐るべき蹴りが出るのは、基本的にオス同士のケンカや、メスをめぐる争いのときなどです。蹴り以外に、頭や首をぶつけ合って戦うこともあります。

1トンのキリンを家まで運ぶ

まずキリンと暮らし始める前に、キリンの運搬が必要です。

4メートル以下の若い個体なら比較的運びやすいでしょう。とはいえ、群れ生活から離れて1頭になる練習から始め、徐々に輸送用の箱に慣れてもらわなければなりません。ここまでで1カ月ほどかかります。

輸送用の箱は約1トンあり、特注で作る必要があります。キリン自身も1トン近くの重さがあるため、運搬には低床タイプのトレーラーが必要です。1日最低20万円として、運転手代はさらに別にかかります。

◆庭付き3階建てを新築する

日本の住宅事情なら、3階建て住宅に住み、飼い主は2、3階で生活すれば、窓からキリンの顔が見られます。住宅の半分は吹き抜けにして、キリンの獣舎スペースにするのはいかがでしょうか。床は滑りにくい素材がマストです。

アキュラホームという会社が2021年に発表した「キリンさんと暮らせる家」の想定では、28・05坪（92・73平方メートル）の広さで、30畳の無柱空間、6メートルを越える大開口の窓、1、2階吹き抜けの家だそうです。キリンのサイズを考えると、40〜50坪（132・2〜165・3平方メートル）は欲しいので、土地代を含め5000万円ほどの予算になるでしょう。

こちらは家だけなので、キリンが外で暮らせるスペースとして60坪（200平方メートル）の庭も用意します。坪単価の手頃な土地を選んだとしても、5000万円ほどはかかります。すてきな新築も、キリンのせいであっという間に臭いがつきます。これはどうしようもないので、慣れるしかありません。

◆長い首の楽しみと苦労

3階にいる人と目が合うほど、キリンといえば長い首が特徴です。キリンは反芻（はんすう）動物なので、食べたものが首をさかのぼって口の中に戻る様子を間近で目撃できるチャンスです。反芻とは、食べたものを胃から口にもう一度吐き戻して噛(か)んで、再び胃に飲み込むことです。これを繰り返すことで消化しやすくしています。

動物園では、人間が母親の代わりに人工保育をすることがありますが、子キリンとはいえ頭の位置が180センチメートルを超えるので、授乳は大仕事です。飼育員や獣医師が脚立(きゃたつ)に乗り、3リットルほど入る大きな哺乳瓶(ほにゅうびん)を使ってミルクを与えることもあります。

出産も母親が立った姿勢のまま産み落とすので、子どもは高い位置から落ちることになります。もしも、妊娠・出産となったら、床にクッション材が必要です。

◆牧草と青草をバランスよく

キリンは1日に約6キロもの木の葉や芽、樹皮を食べます。飼育下では牧草を与えるので、ビタミン不足を補うために青草も必要です。苗木を約2万円で入手し、庭にコナラやクヌギを植えましょう。剪定(せんてい)は3300円ぐらいが相場です。キリンは草食性ですが、ときどき虫を食べます。一緒に住んでいればこそ、こんな意外な一面も目撃できるでしょう。食費は4万5000円と想定します。

キリンが子供なら、人工保育で育てます。子供とはいえ体高は人間以上なので、授乳時は大きめの脚立（約3万円）を使い、3リットル入る乳牛用哺乳瓶（約4000円）が必要です。

◆病気になると治療は大変

キリンに多い病気は誤嚥性肺炎です。キリンは反芻をする動物で、反芻時に勢いがあるため誤嚥しやすいといわれています。いざというときの治療のために、日々ハズバンダリートレーニングを実施してください。ハズバンダリートレーニングとは、麻酔や体勢を強制することなく、動物に進んで協力してもらうための訓練です（105ページ参照）。

日々の手入れは、爪のケアです。伸びすぎないよう、火山岩の砕けたものや砂礫などを庭に敷き詰めましょう。17キロ約3000円で売っています。

このようにお金と愛情をかけても、回し蹴りを受け、急所に当たれば即死です。キリンを飼うのはやめておいたほうがよさそうです。

「ズバリ推測」月間家計簿

キリン

1カ月11万円
（1日3666円）

※自宅敷地内、半分が吹き抜けになった3階建て住宅を想定

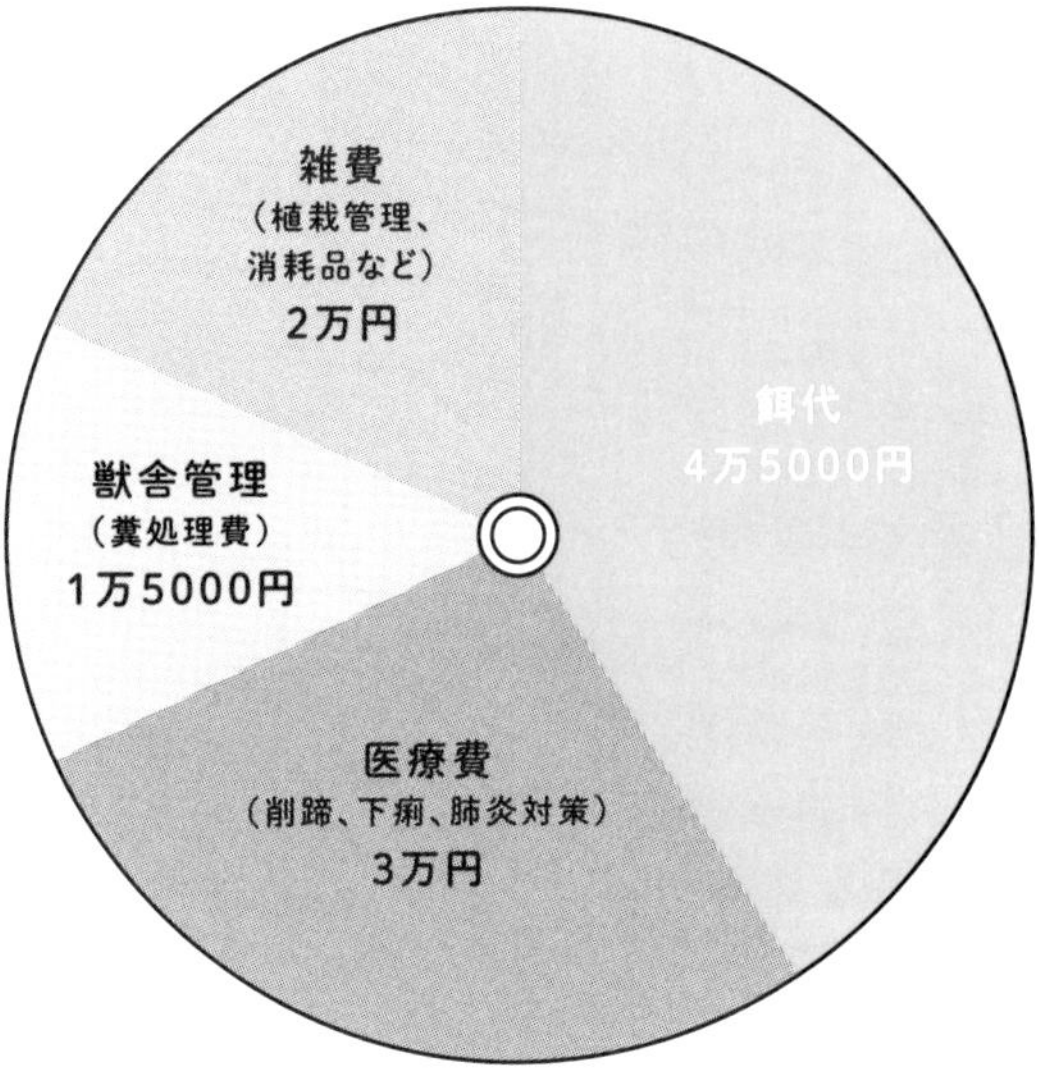

項目	金額
餌代	4万5000円
医療費（削蹄、下痢、肺炎対策）	3万円
獣舎管理（糞処理費）	1万5000円
雑費（植栽管理、消耗品など）	2万円

クマ

1日1366円

獣舎の準備だけで1500万円から
とにかく厳重に！

- **ツキノワグマ**（学名：*Ursus thibetanus*）
- **主な生息地域**：世界中に幅広く分布する。日本では本州、四国に生息
- **サイズ**：体長120～145cm　体重60～100kg
- **食性**：雑食性
- **特徴**：胸部に三日月形の白い斑紋（はんもん）がある。生息地によって、冬眠の有無が異なる

ツキノワグマは、日本では本州と四国に生息するクマの一種です。全身の毛は黒く、胸に月のような形の模様があります。ツキノワグマは野生動物として保護されており、飼育はできません。母親とはぐれた子グマを保護して飼っていた人が、成長したクマに襲われて死亡したこともあります。

生命の危機に直面

頑丈な獣舎と二重のカギと二重のドア

想像するだけでも恐ろしいですが、もしもツキノワグマを飼うなら、とにかく逃がさないようにしなければなりません。頑丈な獣舎と二重のカギと二重のドアを設置しましょう。力が強い動物ですが、暑さに弱いため、冷暖房や換気などの設備も必要です。冷暖房不要な時期もありますが、月々の電気代に換算すれば1万円となるでしょうか。

個人飼育には参考にならないかもしれませんが、こんなエピソードがありました。イノシシの罠(わな)にかかったツキノワグマが殺処分の危機に陥りましたが、保護団体が保護。お寺からの土地提供、約1500万円の寄付で獣舎を建設したというものです。

遊びも重要な生活の要素なので、ハンモックや廃タイヤなど、壊しても問題ないものをおもちゃとして提供しましょう。

◆餌代は月々1万5000円

ツキノワグマは雑食性で専用のペレット、果実や木の芽、昆虫、魚などを食べます。近くに自分が所有する森でもあれば無料で採取できるかもしれませんが、そうでなければ、スーパー、ホームセンター、ネット通販など、利用できるものはすべて利用しましょう。一般的に、ツキノワグマは餌を1日1キロちょっと食べるといわれています。ただし、秋からは寒い冬を乗り切るために脂肪をつけるべく、食事量が増えます。あくまでも推計ですが、1年で18万円、月換算で1万5000円の餌代となりそうです。

ドングリやハチミツが大好きなので、飼育場の土の中に隠したり、遊具にハチミツを塗りつけたりといったサプライズ演出は、クマにウケるはずです。大きな体なのに小さなドングリをポリポリ食べる姿や、ハチミツをペロペロなめる姿は最高にかわいいですよ。おやつ代は月2000円です。

◆ドングリ拾いを秋の散歩の楽しみに

空想飼育を楽しみましたが、現実的には、クマは人間の友達ではありません。どうしてもクマとかかわりたいということでしたら、最近、動物園に置いてある「ドングリポスト」がおすすめです。集まったドングリを、ツキノワグマなどの動物に与えるそうです。

「ズバリ推測」月間家計簿

クマ

1カ月4万1000円
（1日1366円）

※日本国内、一般的な住居を想定

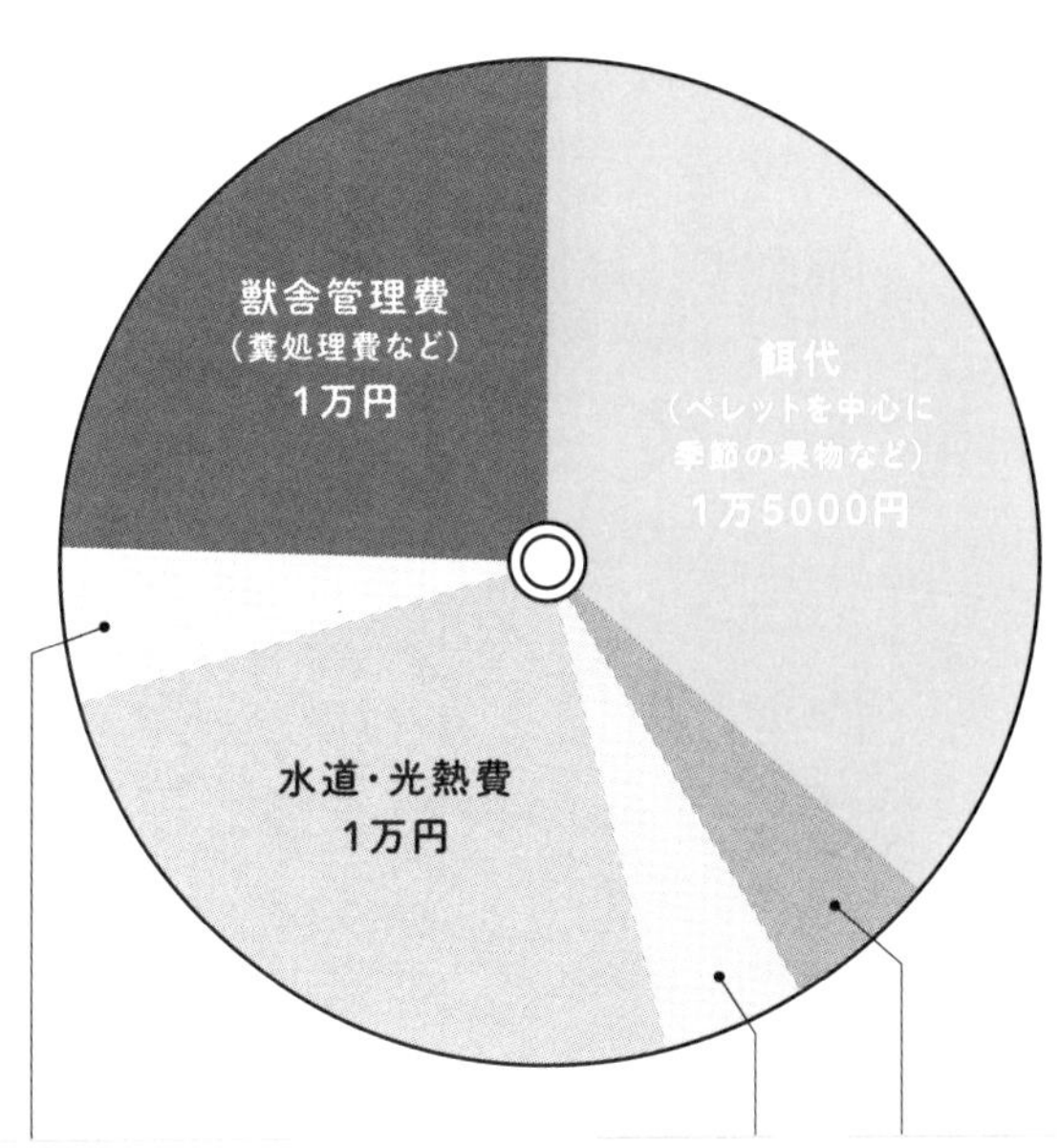

娯楽費
（ハンモック、大きな木の設置など）
2000円

医療費
（比較的健康なので低額）
2000円

おやつ代
（食べ物を探す遊びを兼ねる）
2000円

クラゲ

1日2733円

お金と愛情をかけても
数カ月だけのお付き合い

◆ **タコクラゲ**（学名：*Mastigias papua*）

◆ **主な生息地域**：太平洋の南側の熱帯海域、日本では関東より南側の海域

◆ **サイズ**：体長15～20cm

◆ **食性**：動物性プランクトン

◆ **特徴**：タコに似た外見からその名がつけられた。毒性は弱い

クラゲ飼育の進化

近年、水族館ではクラゲ展示の手法が進化し、プラヌラ幼生↓ポリプ↓ストロビラ↓エフィラ↓メタフィラ↓クラゲという6つの成長段階を分けて見せる展示が人気です。それぞれの成長段階に応じた環境作りや世話が必要なため、見た目以上に手がかかっています。

不老不死のクラゲなら飼いやすい？

珍しい魚を扱う観賞魚店でも、クラゲにはなかなかお目にかかれません。クラゲは寿命が短く、繊細だからです。

ただ、不老不死とまで噂(うわさ)されている、特殊な能力を持つベニクラゲだけは別です。命の危険を感じると死なずにポリプの段階に若返り、再び成長するというのです。そんなベニクラゲなら飼いやすそうだと思ったかもしれませんが、まず市場に出回ることはありません。

ということで、飼育が比較的容易なクラゲとして知られるタコクラゲで考えてみましょう。1000～1500円で購入できます。

水温は20度を維持

タコクラゲ飼育では、水温を20度程度に保つ必要があります。クラゲは体の96パーセント以上が水分でできているため、弱ると細胞の結合が溶解して溶けてしまうのです。だからクーラーが必須です。30センチキューブ型の水槽であれば、水槽が約5000円、クーラーが約2万5000円です。

水質を保つためのプロテインスキマーが約5000円、水を循環（じゅんかん）させ水質悪化を防ぐフィルターが約5000円、ライトが約3000円。水槽の水には「クラゲ水」として売られている海水を用意しましょう。週1回の頻度で全体の3分の1の水換えを行います。

飼育が軌道に乗ったら、月々のランニングコストは、電気代1500円、クラゲ水交換を含めた水槽を管理する費用一式で8万円ほどで安定しそうです。

◆1日1回の餌（えさ）で負担は少ない

クラゲは自分の意志で泳ぐことができないので、餌に向かっていくことができません。そこで、カサの裏中央にあるクラゲの口に向けて、水溶液にした餌をスポイトで噴射して与えます。専用フードは給餌用シリンジとセットで約1200円です。冷凍ワムシを解凍して砕く方法もあります。ワムシは50グラムで約500円です。給餌の回数は1日1回です。

ちなみに、いくら愛情とお金をかけても、タコクラゲの寿命は自然界で1〜2年、飼育下では数カ月ほどしかありません。短いお付き合いだということは覚悟しましょう。

クラゲ

1カ月8万2000円
(1日2733円)

※日本国内、一般的な住居を想定。

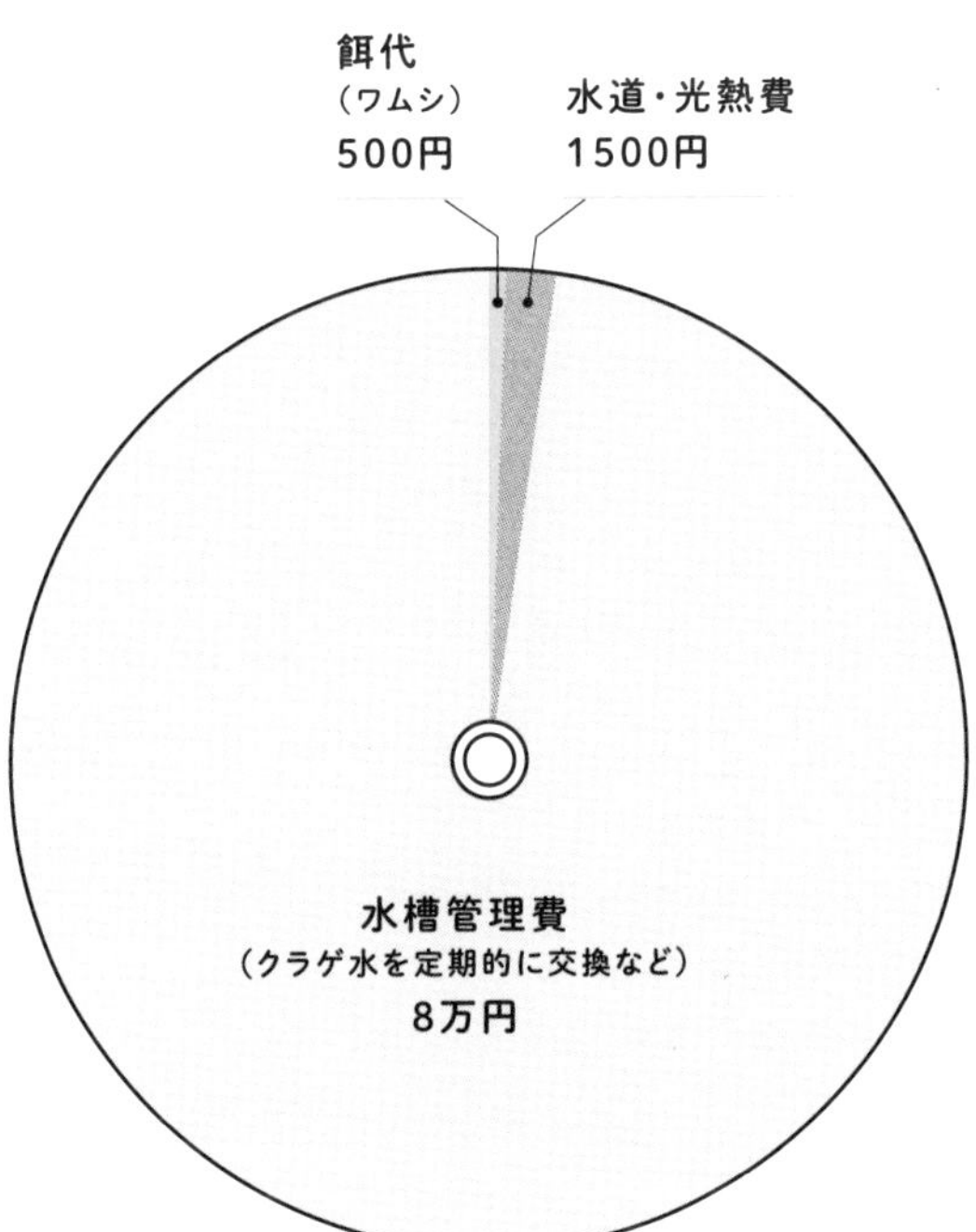

コアラ

1日2万6500円

ユーカリしか食べない超偏食家
自家栽培しても餌（えさ）代が大きな負担

- **コアラ**（学名：*Phascolarctos cinereus*）
- **主な生息地域**：オーストラリア
- **サイズ**：体長65～82cm　体重4～15kg
- **食性**：ユーカリの葉
- **特徴**：主食のユーカリの葉は栄養に乏しいので、エネルギー消費を抑えるため、1日に20時間近く眠る。固く毒素も含まれるユーカリを消化するため、盲腸の長さは哺乳類最長の2mもある

◆人間にはなつかない

コアラはもともとオーストラリアにすむ有袋類(ゆうたい)であり、ペットとして飼育することは困難です。主食は日本に自生しないユーカリの葉であり、コアラごとに種類や鮮度にもこだわりがあります。さらに、コアラは単独性が強く、いくら人間側が愛情やお金をかけようとも、人間との交流を好まない傾向があります。

そうした前提を理解したうえで、想像だけは自由にやってみましょう。ひょっとしたら、将来コアラがとても増えて、ペットとして普及する未来がないとも限りません。

◆住まいはユーカリの植物園

まずは、コアラの住まいの準備です。まず思い付くのは庭に数種類のユーカリを植えるプランですが、ここはケチらず、廃業した温室設備付きの植物園を買い取ってみましょう。取得費用は数千万円といったところでしょうか。

できれば種の保存のために繁殖を目指してほしいところですが、血統管理などが大変なので、1頭で飼うことを想定します。

コアラは樹上性で、木の枝をつかんだり登ったりするのに向いた手足の形をしています。動物園では止まり木を用意しているところがほとんどです。散歩や運動をさせる必要はありませんが、木から木へ飛び移ったり、木から降りて歩き回ったりといった意外な機敏性を見せることもあります。事故やケガのないよう見守ってあげましょう。

◆休息できる木を山で探す

コアラ飼育場は、広さ10平方メートル以上、高さは3メートル以上のスペースを確保しましょう。2~3の又があり、コアラが休めそうな木を10~20本設置すれば十分です。

よこはま動物園ズーラシアの園長が自身のブログで、「コアラが登りやすい樹種、コアラが休息できる枝のある木」「コアラが枝に腰掛けて休息したり眠ったりする体勢を取りやすい角度の枝ぶりのもの」が必要と記しています。山に出かけ、これはという木を切り出し、乾燥などの工程を自分でできれば、材料費と実費で１００万円ほどに収まるかもしれません。

◆ユーカリしか食べない偏食家

コアラはユーカリしか食べません。動物園や水族館で飼育される動物の中には、その動物専用に開発された餌（えさ）（固形飼料のペレットなど）が利用されることが少なくありません。フラミンゴ専用フード、レッサーパンダ専用フードなどです。しかし、コアラにはありません。

竹しか食べないジャイアントパンダでも、飼育下ではリンゴなどを食べることがありますが、コアラはユーカリ一筋。哺乳（ほにゅう）類でここまで偏食なのは、おそらくコアラだけでしょう。特定のカタツムリしか食べないトカゲなどはいますが、コアラの食性はかなり特異です。

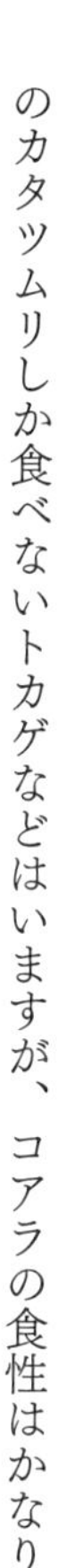

◆動物園でも大きな負担になるユーカリ

では餌代をどう考えるか。普通に出回る野菜や果物なら、おおよその市場価格が算出できますが、ユーカリは特殊な方法で入手されるため、月いくらという計算は困難です。

動物園によっては、オーストラリアから種（たね）を買い、栽培・採取・運搬などの工程をそれぞれ委託するなどの工夫をしています。ユーカリ調達は大変な仕事で、スタッフはユーカリ畑を視察したり、採取の計画を立てたりと、日々苦心しているようです。

もちろん、ユーカリは無農薬が前提で、手作業で害虫を駆除したりなどの細かな作業もあります。

さらに、ユーカリの葉を刈って終わりではなく、各工程の人件費、交通費、輸送費など、個人で払える金額ではないことは確かです。国内の動物園でも「餌代がかかりすぎるので、飼育をやめた」というところもありました。

ちなみに、東山（ひがしやま）動植物園（愛知県）のクラウドファンディングでは、「コアラの餌代は年間約５６００万円」と公表していました。当時7頭いたので1頭あたり月換算で約66万円です。個人で飼育するのであれば、この金額を参考に、コアラのご飯代を自前で用意することになります。

◆電気代は月10万円以上

もうすでに「ギブアップ！」と叫びたくなりますが、お金はまだまだかかります。温室設備を稼働させる費用などはもちろん別です。空調のための電気代だけでも月10万円以上はかかりそうです。

◆衛生管理費は惜しみなく

最後に重要なお話です。コアラは感染症にかかりやすいという深刻な問題を抱えています。中でも、コアラレトロウイルスによる白血病は深刻です。コアラレトロウイルスは遺伝子に組み込まれており、体内で活性化すると病気を引き起こします。

コアラの生息地であるオーストラリアでは、コアラの感染症を予防するワクチンが使われていますが、日本では入手困難です。

日本の動物園では感染症を予防するために、多額の費用をかけて除菌・消毒・清掃を行っています。展示場の床、水飲み用の器、ユーカリ枝を挿しておく水入りポットなど、衛生管理は大変です。徹底した清掃と様々な消毒・殺菌用品も大量に必要です。医療費と合わせて月3万円の予算で、惜しみなく使いましょう。

でも、もしコアラが何かの感染症にかかってしまったら、治療はとても大変です。

「ズバリ推測」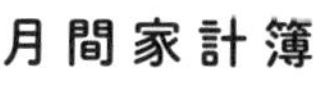月間家計簿

コアラ

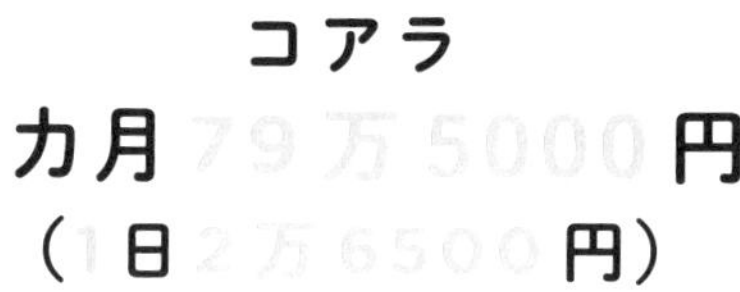

1カ月79万5000円
（1日2万6500円）

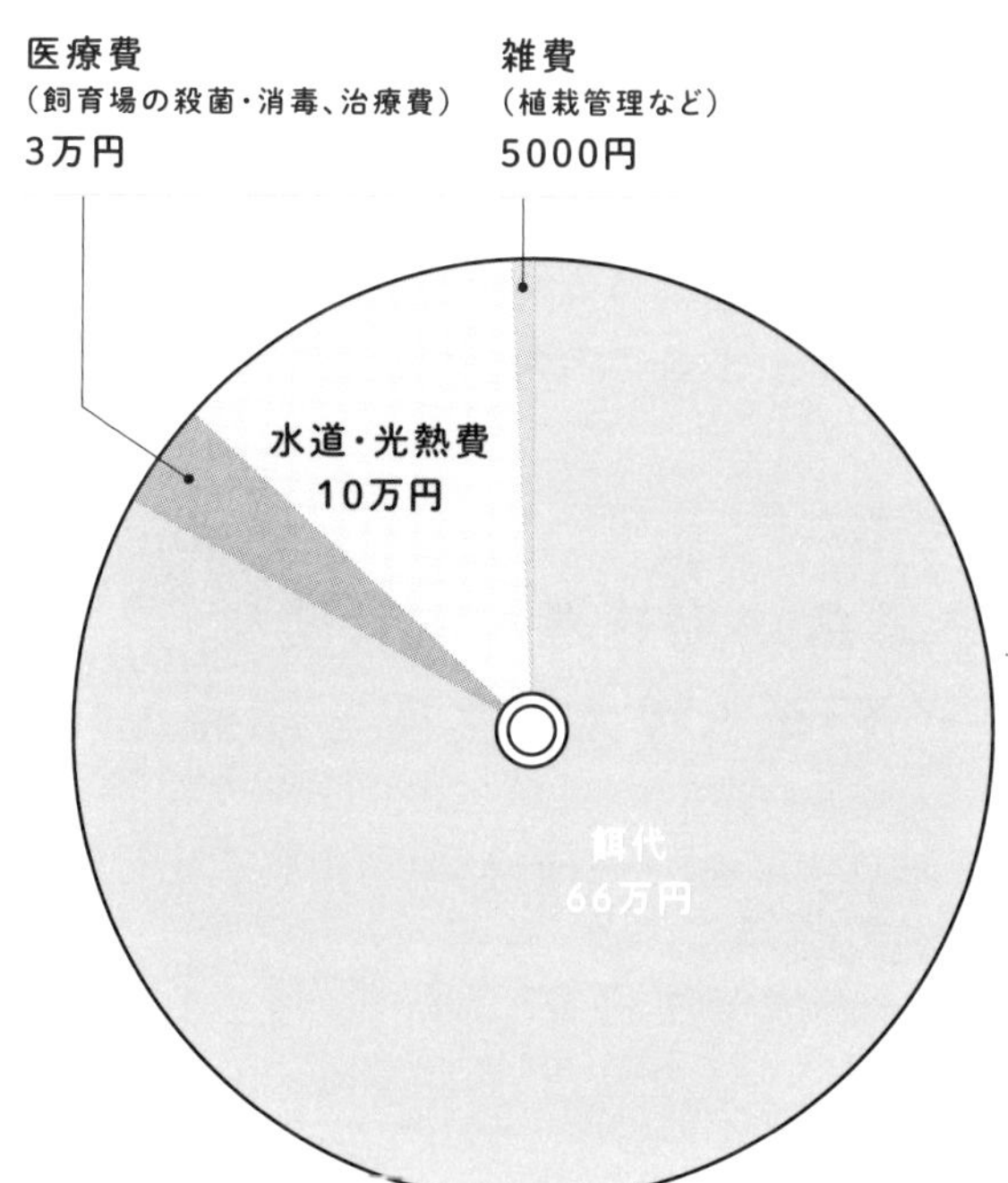

サイ

1日6266円

広い庭を専用飼育場に
野菜も植えて食費を節約

◆ **シロサイ**（学名：*Ceratotherium simum*）

◆ **生息地**：アフリカ南部

◆ **サイズ**：体長350～400cm　体重1500～2000kg

◆ **食性**：地面に生えている短い草を食べる

◆ **特徴**：サイの仲間で一番大きい。特徴的な2本の大きな角は、蛋白質の繊維が何層にも積み重なったもの。1カ月でおよそ5mm伸び、一生伸び続ける

密猟で絶滅の危機

シロサイはアフリカ大陸のサバンナに生息し、草を主食としています。角（つの）が漢方薬や装飾品に利用されるせいで密猟の対象となってしまい、大きく数を減らしています。シロサイの保護や繁殖は、世界規模の重要な課題になっています。

大きくて、力も強い動物であり、現実にはペット飼育はもちろん不可能です。

木々が生い茂る広大な庭

シロサイの飼育には、まず、広大な敷地が必要です。飼育場にはたくさんの木を植えましょう。天然の日傘になり、身を隠せるので、サイのＱＯＬがグンと上がります。６００平方メートル以上ある、木々の生い茂る広々とした庭付き一戸建てがいいでしょう。すでに所有していれば０円です。

シロサイは泥浴びが大好きです。体温調節や皮膚保護、寄生虫予防などに役立ちます。飼育場には土の遊び場を作り、毎日地面を掘り返して土をフカフカにして、常に水をまいてあげましょう。イメージは水田です。３００万円ほどかけて、ぜひとも造ってあげたいですね。

また、いつも興味を示してくれるわけではありませんが、タイヤやボールなどのおもちゃを与えるのもいいです。月々２０００円ほどで様々なおもちゃを提供しましょう。

◆スキンシップで健康管理

よく比較されるカバは攻撃的な性格ですが、サイは穏やかです。スキンシップや健康チェックのため、毎日マッサージをしてあげましょう。デッキブラシで擦(こす)ると、気持ちよさそうにしてくれます。デッキブラシは1000円ぐらいのものを月1回買い換えましょう。

それから、サイの角は永遠に伸び続けます。壁や石などで自然に削れるようにしましょう。角については面白い話があります。群れの中で、角をユニークな形に磨くサイが現れると、他のサイもマネをすることがあるのです。サイの角にもファッション的な流行があるようです。あるいは、「この形なら武器として完璧(かんぺき)」といった事情かもしれません。

◆目指せ、家庭菜園で毎日50キロ収穫

シロサイは牧草などの乾草を1日約50キロ食べます。この量をスーパーで買うとしたら、月の食費は高く見積もって14万円です。庭の自家菜園で、餌(えさ)はなるべく自給自足できるようにしたいところです。もちろん、無農薬栽培をおすすめします。

ただし、昨日食べた同じ野菜なのに今日は見向きもしないといった、偏食ぶりをみせることもあります。もしかすると、嗅覚が敏感で、食べ物のちょっとした変化にうるさいのかもしれません。理不尽な偏食ぶりにも寛大でいることが求められます。

「ズバリ推測」 月間家計簿

サイ

1カ月18万8000円
（1日6266円）

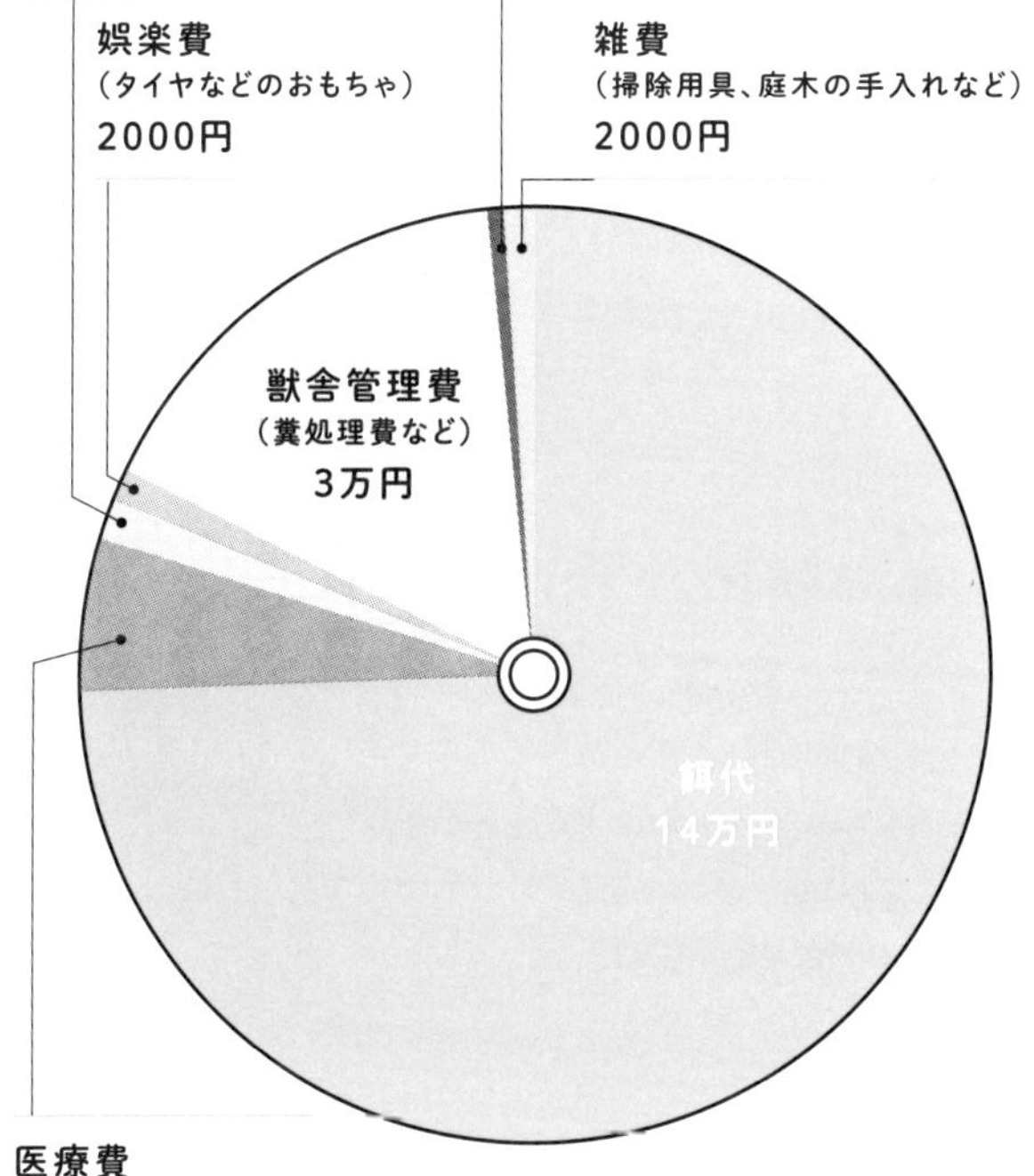

サメ

1日2766円

ネコ顔のかわいいサメだけど
食事はグルメ指向

◆ **ネコザメ**（学名：*Heterodontus japonicus*）

◆ **主な生息地域**：太平洋北西部。日本では北海道以外南の沿岸、朝鮮半島、東シナ海の沿岸海域

◆ **サイズ**：体長100～120cm

◆ **食性**：甲殻類、貝類、小型魚類

◆ **特徴**：体が太く、頭部が大きくしっかりしている

◆住宅事情に合うサメは？

サメは魚類の中でも種類が豊富なグループで、小型のネコザメ（体長１・２メートルほど）から、最も大型のジンベエザメ（体長13メートルに達するものも）まで、大きさも様々です。

日本の平均的な住宅事情を考えると、ジンベエザメは無理でしょうが、ネコザメならまだ可能かもしれません。ネコザメは目の上の隆起がネコの耳っぽく、目や頭もまるでネコのような、かわいいサメです。

◆オプション全部盛りの水槽を用意

ネコザメは海水魚なので、海水用の水槽が必要となり、淡水魚用と比べて高価です。成長すると1メートル以上になることもあるので、水槽の大きさは１２０サイズ（横幅）以上は欲しいです。狭いとストレスを感じやすく、体調を崩す原因にもなります。

フィルターや照明、温度調節機など便利なものはなるべく全部つけましょう。これらは消耗品でもあります。

水槽の中に砂や岩、流木などを置くと、身を隠したりするのに使ってもらえるかもしれません。見栄えもグンと良くなります。ただ、ネコザメが砂を掘ったりしてせっかくのレイアウトが長持ちしないでしょうが、許してくださいね。

ここまでの準備は、全部で100万円ほどに収まればラッキーです。

◆高級魚介が好き

ネコザメはサザエやカニなどの高級魚介を好みます。ネコザメには「サザエワリ」という別名がある通り、臼歯状の歯で殻をバリバリと噛み砕いて食べます。

魚の切り身も食べますが、基本的には殻付きの生きたサザエをあげたいですね。スーパーや漁港で買えそうです。

かなりざっくり見積もって、1日約1000～2000円、月3～6万円の餌代を想定しておくといいでしょう。

◆健康管理の費用

設置した水槽に海水と生体を投入して「終わり！」ではありません。季節や室温、ネコザメの体調に応じて、新鮮な水を循環させること、適切な温度管理、定期的な水換えなどが必要です。水道光熱費だけでも月1万円ぐらいはかかるでしょうか。

運よくネコザメを診てくれる獣医師を見つけられたら、交通費がいくらかかっても連れて行けるようにしましょう。自宅でできるケアは、駆虫薬や抗菌薬などの薬を飼育水に混ぜる「薬浴」です。

サメ

1カ月8万3000円
（1日2766円）

水槽・水質管理費
（ろ材フィルターなど）
5000円

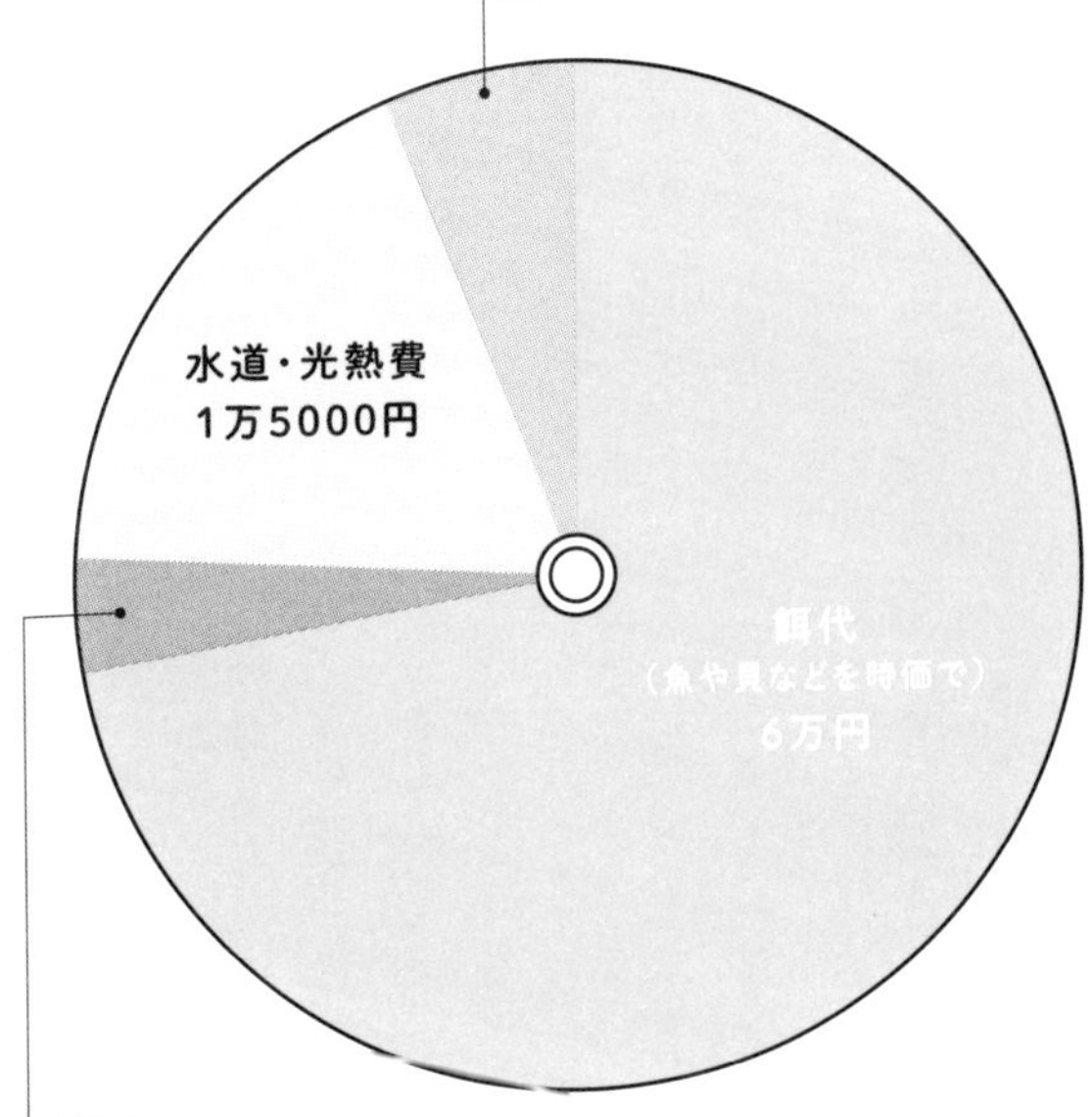

医療費
（薬浴）
3000円

コラム

羽田にあった動物商の話

動物園や水族館では多種多様な動物をそろえるため、先人達が様々な努力をしてきました。たとえば、欲しい動物や人気が出そうな動物をリサーチし、その個体が増えている動物園や海外の動物商から購入したり、もしくは、野生から捕まえてきたりといったことです。

動物園に代わって、そんな仕事をするのが動物商です。世界中にネットワークを持ち、世界を飛び回って動物を入手してくる、動物売買のプロです。

東京では、羽田空港のそばに有名な動物商がありました。珍しい動物を入手するため、スーツケースに現金を詰め込んで現地に飛ぶこともしばしばあった、などという伝説的なエピソードが数多く残っています。

動物商の仕事としては、ただ動物を現地で入手する、捕まえてくるだけでは不十分です。健康な状態で日本に連れてくることが重要なのです。

彼らはどんな動物でも運ぶテクニックを持っていました。フラミンゴならばストッキングに入れて運び、爬虫(はちゅう)類は大きすぎず小さすぎもしない輸送箱を用意し、種ごとに最適な温度・湿度管理をし、ストレスなく運ぶノウハウを持っていたのです。キリン用の縦長の輸送箱、快適な止まり木付きの鳥の輸送箱などを器用に手作りしました。ヘビは麻袋に入れるなど、誰に教わるでもなく動物の保定にも熟達し、初めて見る動物も難なくケージに入れることができました。

１９９０年代に入ると、動物園や水族館は珍しい動物を見せるだけではなく、「動物を守っていこう」という使命を帯びるようになり、動物を野生で捕まえることをしなくなりました。園館ではそれぞれの動物の戸籍を作り、公益社団法人日本動物園水族館協会（ＪＡＺＡ）では、動物ごとに種別調整者を決め、その指導のもとで動物たちの貸し借りを行うようになりました。ワシントン条約などの規制も厳しくなったこともあり、動物商が次々と減っていきました。

前述の有名動物商も数年前まで営業していましたが、現在は廃業しています。それは、日本の動物園・水族館にとって大きな転換点となりました。その動物商は長年にわたり業界を支えてきたことは事実ですが、動物売買や輸入、飼育環境に関するトラブルなど、様々な問題も指摘されていました。

一方で現在、海外からの動物の輸入も活発化しており、動物園・水族館業界、ペット業界の勢力図が変わりつつあるようです。動物福祉の観点から、より健全な業界に発展していくことを期待したいものです。

ジャイアントパンダ

1日21万6166円

レンタル料はペアで1億円超え
大量の冷蔵庫で竹を保管

◆ **ジャイアントパンダ**（学名：*Ailuropoda melanoleuca*）

◆ **主な生息地域**：中国、四川省の一部

◆ **サイズ**：体長120～150cm　体重90～120kg

◆ **食性**：草食性だが、雑食性の一面もわずかに残る

◆ **特徴**：クマに似ているが、頭が丸く、体が大きい。目のまわり、耳、肩、両手、両足が黒色でその他はクリーム色。この色は敵から身を守るための保護色と考えられている

絶滅危惧種

ジャイアントパンダは愛らしい動物で、肉食動物であるクマの仲間なのに、主食が竹というのも面白いところです。竹は一年中生えていて、他の動物が食べないため、パンダにとって都合が良い餌(えさ)だったという説があります。

パンダは絶滅の危機に瀕しており、飼育繁殖研究や保護活動を通して野生個体の回復に取り組んでいます。ここでは、合法的に借りられることになったと仮定して、考えてみましょう。

レンタル料1年1億円以上？

日本にいるパンダは中国からレンタルされたもので、報道によれば、レンタル料は2頭で約95万ドル（約1億4０００万円）だそうです。為替レートの変動などにより、現在はさらに高額になっているかもしれません。

竹専用の冷蔵庫を大学に

レンタル料を考えれば他の費用なんて安いものですが、パンダは最も食費のかかる動物の一つです。竹は1頭1日15キログラム前後必要ですが、放置竹林が問題になるように、栽培は難しくありません。運よく放置竹林を数万円で買い取れれば、竹の確保は容易になります。動物園では業者経由で購入した場合、1日1頭1万円~(時価)といったところのようです。手に入れた竹は、鮮度が落ちないよう、冷蔵庫に保管します。50万円の予算で冷蔵庫を買えるだけ買い、部屋に置けるだけ設置しておきましょう。

◆遊び場を用意する

もちろん自宅の床や壁を補強したり、冷暖房や換気設備を整えたりする必要があります。動物園のパンダには様々な遊具が用意されています。体の発達やコミュニケーション能力の向上に必要な、遊び行動を促すためのものです。そこで、あなたの飼育場にも土を盛って小さな山を造り、滑り台を造ってあげてはいかがでしょうか。意外と人気のタイヤもおすすめです。タイヤを与えると座ったり、転がしたりして遊んでくれるかもしれません。

小山造りに300万円ほどかかりそうですが、廃タイヤなら無料で用意できそうです。ところかまわずまき散らすウンチやオシッコ、毛の清掃も大変。自分でやれば清掃費は月10万円ほどでしょう。

◆病気になったら

健康管理のため、かかりつけ獣医師を持ちたいですね。治療費や薬代は予想さえもできません。ペット保険には当然入れませんので、自費で払えるよう、貯金は必須です。

「ズバリ推測」 月間家計簿

ジャイアントパンダ

1カ月648万5000円
（1日21万6166円）

※日本国内、一般的な住居を想定した空想上の概算。

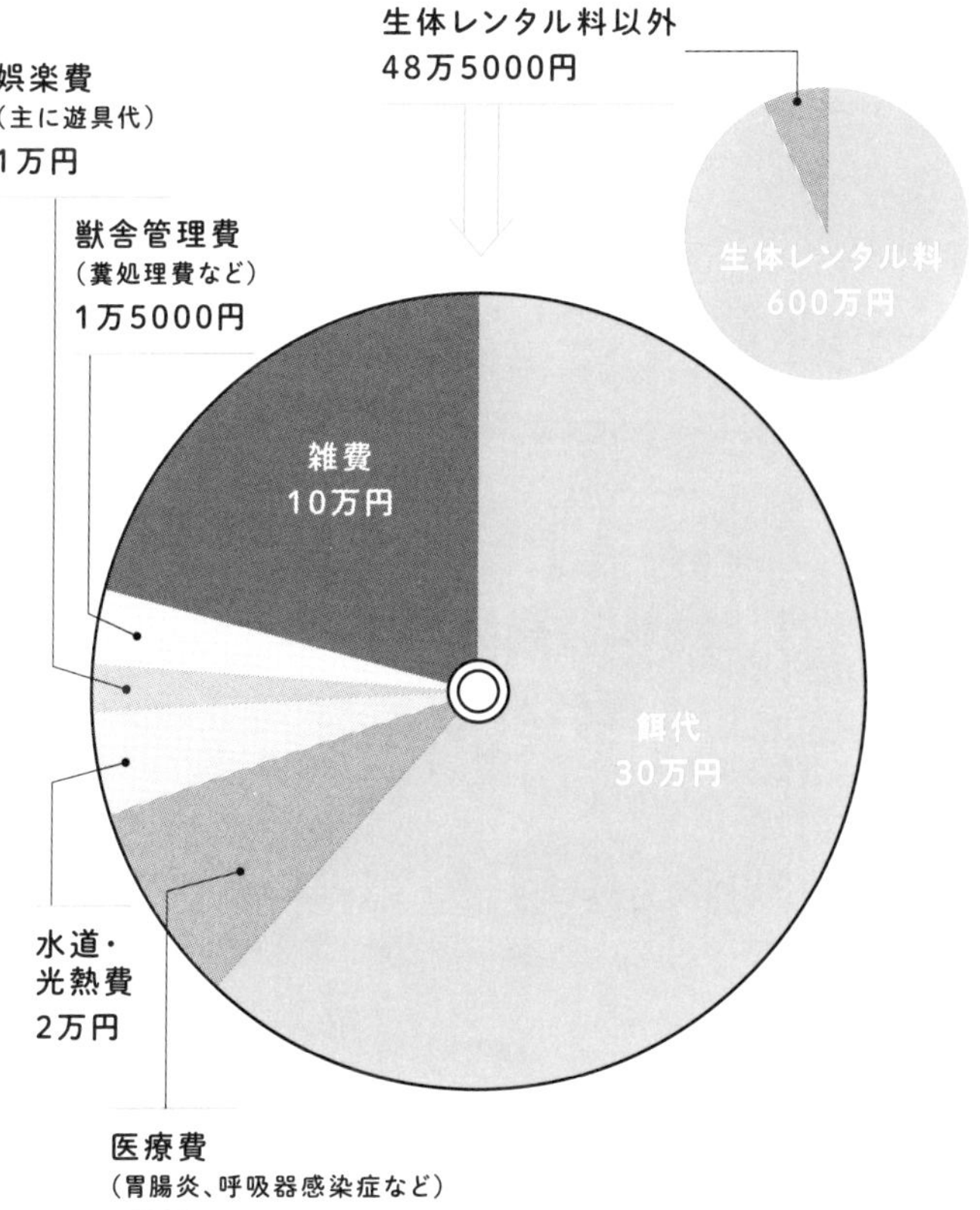

シャチ

1日5万333円

群れで飼育するから
餌(えさ)代が超高額

- **シャチ**(学名:*Orcinus orca*)
- **主な生息地域**:世界中の海に分布
- **サイズ**:体長最大800〜950cm　体重最大7000kg
- **食性**:肉食
- **特徴**:最も速く泳げる哺乳類の一種。海洋系生物食物連鎖の頂点。家族を中心とし群れを作り、集団で狩りをする

◆とにかく広いプールを用意する

体長10メートルに達することもあるシャチは、非常に活発な動物で、最も速く泳ぐことができる哺乳類の一つでもあります。食べ物を求めて１日に１００キロ以上も移動することがあるほどです。鴨川シーワールドのシャチのプールが約４８００立方メートルとのことですので、それに負けない規模のプールを用意しましょう。プールの建造費は10億円弱、月の維持費は１００万円を想定しておきましょう。

シャチは世界中に分布していますが、暑さには強くありません。水温は常に冷たく保つ必要があります。プールが広いほど、急激な水温変化のリスクを下げられます。

◆1頭だけではなく群れで飼育する

シャチは海洋系での食物連鎖の頂点に君臨します。魚介類から、海鳥、ペンギンやホッキョクグマ、時には最大級の海洋生物であるシロナガスクジラまで捕食します。個体ごとに食べ物の好みが違っていて、偏食だといわれています。

野生のシャチは、数頭から40頭ほどの群れ（ポッド）を作ります。飼育の際も、1頭ではなく数頭で飼育しましょう。ポッドは母親を中心に構成され、狩りや子どもの世話をします。狩りは残酷ながら巧みで、尾びれでアザラシを弾き飛ばし、気絶させて捕らえることもあります。

鴨川(かもがわ)シーワールドでは毎日新鮮なアザラシ……ではなく、サバやホッケ、シシャモなどを与えているそうです。魚であれば1日60〜70キロが目安です。キロ単価250円と考えると、年間で550万円かかります。水族館と同様に、市場に出回らない未利用魚を安く入手するルートを模索するなどして、節約します。

◆あなたより長生きするかもしれない

シャチは寿命が長い動物です。オスの平均寿命は30歳、最高寿命は約50歳で、メスの平均寿命は50歳、最高寿命は約80歳だそうです。世界最高齢のシャチ「グラニー」は105歳まで生存したとされており、まるで人間のような寿命です。

飼育の際には長期の飼育を見込んだ設備を用意しましょう。人間より長生きする可能性が高いので、長期間飼育できるだけの資金計画が必須となります。シャチは食費もかかりますから。

◆シャチは人を襲わない、でも

もしも、うっかりプールに落ちても心配はいりません。人間を食べ物として認識することはないし、食べ慣れないものは食べないのだそうです。ただし、慣れ親しんだあなたを遊び道具と認識して、投げたり、突いたり、口にくわえたりすることはあるかもしれません。人間用の保険に入っておいたほうがよさそうです。

「ズバリ推測」月間家計簿

シャチ

1カ月151万円

（1日5万333円）

（日本国内で4頭飼育することを想定）

雑費
3万円

餌代
（未利用魚などを安く入手）
45万円

プール管理費
（浄化装置管理、消毒、水質管理）
100万円

医療費
（血液検査、感染症対策）
3万円

ゾウ

1日7万600円

一緒に暮らすのは命がけ！
毎月の修繕費に100万円

◆ **アジアゾウ**（学名：*Elephas maximus*）

◆ **生息地**：インド亜大陸、インドシナ半島、セイロン島、スマトラ島、ボルネオ島に分布。熱帯雨林から草原まで幅広く生息

◆ **サイズ**：肩高200〜300cm　体重2000〜5000kg

◆ **食性**：草食性（葉や樹皮や根、果物など）

◆ **特徴**：陸上最大の動物。森林に家族単位の群れで住み、古くから人との関係も深い

昔も今も、憧れのゾウ

巨大で力強く、魅力的な動物、ゾウ。王侯貴族が富と権力の象徴として所有してきた歴史もあります。日本では、八代将軍徳川吉宗に献上されたという記録が残っています。１９５０年にはなんと、東京の百貨店にゾウがいて、屋上遊園地の目玉として多くの人に愛されたそうです。今となってはゾウの生体価格も月々の餌代もわかりませんが、「ゾウのいる百貨店」として知名度が上がり、売り上げアップに貢献したはずです。

アフリカゾウ、アジアゾウ、マルミミゾウ

ゾウにはアフリカゾウ、アジアゾウ、マルミミゾウと種類がありますが、もしも今、ゾウを飼うなら、アジアゾウがいいでしょう。

陸上最大の哺乳動物で、肩高４メートル、体重７トンにもなるアフリカゾウに比べれば、アジアゾウは小さめだからです。とはいえ、もしも一般的なマンションなら、床や壁、柱は壊され、家具や家電も踏み潰されるのは免れません。修繕費は月１００万円ではすまないでしょう。

広い敷地に池かプールを造成

アジアゾウは絶滅危惧種に指定されていますので、現実には入手できません。しかし動物園

を参考に、妄想を広げてみましょう。

オスはムスト（性的に興奮し気性が荒くなる発情期のようなもの）があるので、小型で気性が穏やかなメスだけで飼いたいところですが、最近は群れ飼育が推奨されています。繁殖を前提にペアや群れで飼育しましょう。とてもかわいい子ゾウの誕生が楽しみです。

飼育場を造るため、広い土地を購入します。予算は土地と飼育場で23億円。最近は動物福祉の観点から、広い飼育場を持たないと飼育ができません。２０１９年にオープンした北海道の円山動物園のゾウ飼育場は、５２００平方メートルです。この広さが目安になりそうです。

ゾウが体を休める寝室や、水場などの設備も必要です。大きな池かプールを造りたいですね。いつでも水浴びができるよう、清潔な水を入れてあげましょう。近隣住民や自治体からの苦情や許可も問題になるので、十分な下調べと根回しが肝心です。

◆安全のために檻を特注

広い敷地を用意しただけでは、まだ不十分です。ゾウと人間が同じ空間にいることのないよう、柵を隔ててのお付き合いとなります。これを、「準間接飼育」といいます。ライオンなどは、柵を隔てるどころか、完全に接触をなくす「間接飼育」です。

２０１０年ごろまで、動物園では飼育員がゾウの檻の中に入り飼育管理やトレーニングをしていました。これが「直接飼育」です。

準間接飼育のためには、強固で特殊な形の檻を用意しなければなりません。治療などの際に、ゾウの動きを両側から挟み込むように押さえ付ける「スクイズケージ」が便利です。採血などにも使えますし、慣れた人以外でも比較的取り扱いしやすいです。予算は2億円です。

ここまでで、すでに億単位の費用がかかっています！

◆健康管理のためのトレーニング

一緒に暮らすなら、ゾウには座る、足を上げる、前後に動かすといった動作を覚えてもらいましょう。耳から採血するときにおとなしくしているなど、ゾウ自身が自発的に人間が望む姿勢を取れるようにしておく必要があります。健康管理や、病気やケガのときの治療に欠かせません。これを、ハズバンダリートレーニングといいます。

経験を積んだ人にしかできないので、ベテランをしかるべき厚待遇で迎えましょう。ゾウは賢く、飼育員に順位をつけてくるので、新人だと言うことを聞かないどころか、攻撃してくることすらあります。

◆ゾウのお世話チームを作る

ゾウの飼育は長く、「その人しかできない」といった職人的世界で、動物園の担当者は休みなく働いていました。今は、動物園業界も働き方改革の時代なので、労働基準法に従い、ゾウ飼育はチームで回すのが基本です。ベテラン飼育員は2人以上雇いたいところです。

しかし、ゾウと接する1人あたりの時間が短くなり、事故が起こりやすいという新たな問題も浮上しています。よく考え、情報収集し、安全な飼育環境を実現しましょう。

なんといっても、動物園の中で最も危険なのがゾウ。事故は命にも関わります。動物園で行われる「ゾウ会議」では、繁殖計画や病気に加えて、事故報告も重要な議題となっています。

そう、改めて言うまでもなく、人の命は（ゾウの命と等しく）値段がつけられないプライスレスなものなのです。

◆大食漢だけど餌代なんて安い？

ゾウは大きな体を保つため、たくさんの餌を食べます。1日18時間近く食べていることがあるほど。

愛知県豊橋市にある動物園「のんほいパーク」は、アジアゾウ6頭を飼育し、「餌代は月に60万円から70万円ほど」だそうです。コロナ禍で収入減となる中、アジアゾウの名誉飼育者になれる「象主制度」を考案し、参加者からの代金の一部を餌代に充てるというユニークな仕組みが注目を集めました。

飼育場造りに比べれば微々たる金額に思えますが、食事は毎日、毎月のことなので、どうにか工夫したいところです。月20万円でやりくりしたいですね。

「ズバリ推測」月間家計簿

ゾウ

1カ月211万8000円
（1日7万600円）

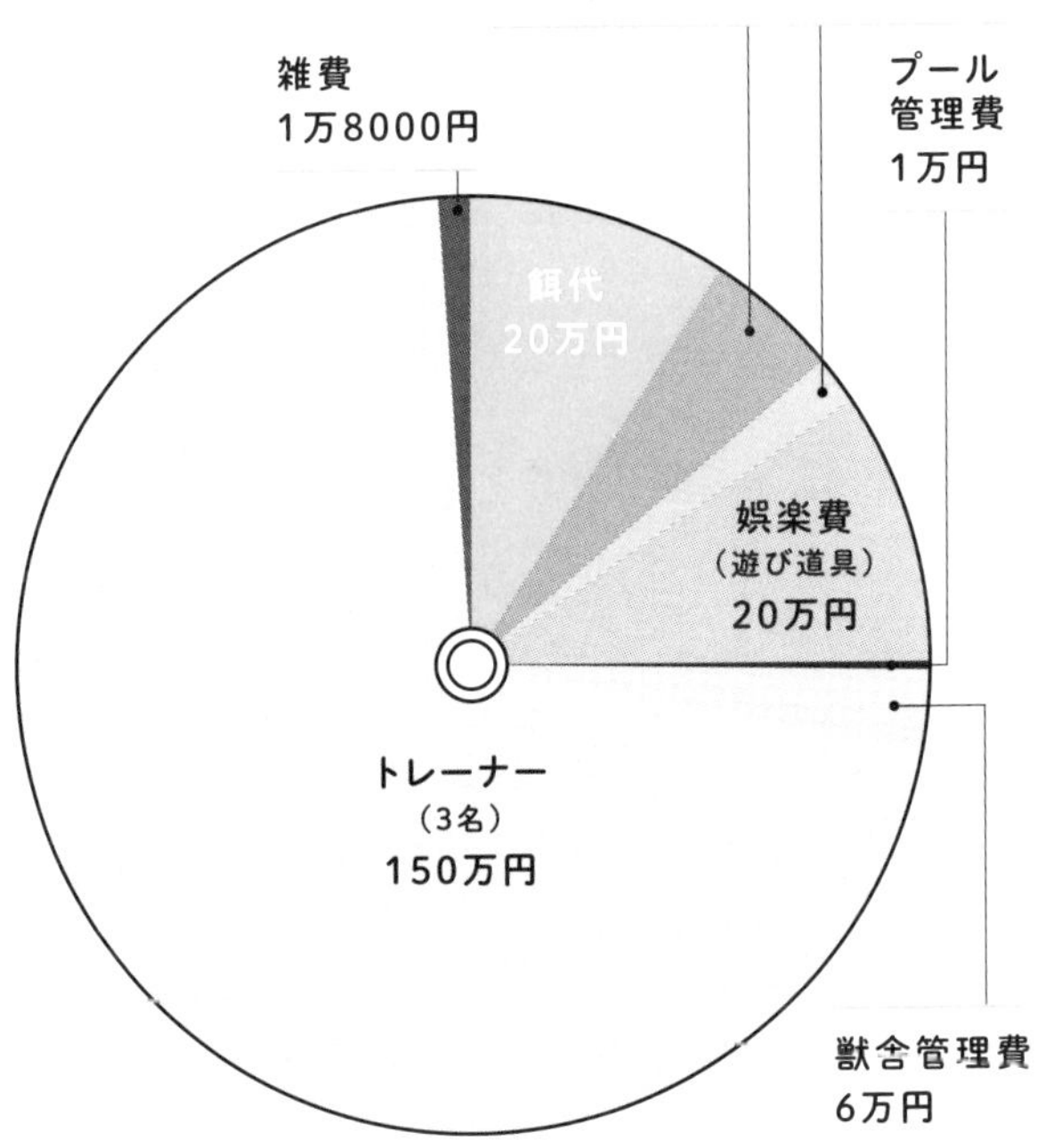

ダチョウ

1日1766円

ごはんは人間と共有できるから
意外にお金がかからない?

- **ダチョウ**(学名:*Struthio camelus*)
- **主な生息地域**:アフリカ大陸西部、東部、南部
- **サイズ**:体長200～300cm　体重100～160kg
- **食性**:草食。植物の草や根、種を食べる
- **特徴**:世界で一番大きな鳥。鳥でありながら飛ぶことはできない。必要な水分を植物から摂取できるため、水がほとんどない過酷な環境でも生きられる

◆許可があれば飼育OK

世界最大の鳥、ダチョウは人間にとって有用な動物として、古くから狩猟の対象になってきました。肉だけでなく皮や卵、羽なども貴重な資源です。

ダチョウをペットとして飼うことは可能ですが、許可が必要です。十分なスペースや安全な柵、餌（えさ）や水、感染症など、飼育環境についてしっかり下調べするところからスタートです。最近は、鳥インフルエンザの情報収集や対策が欠かせません。

今住んでいる場所が賃貸マンションだったら、ダチョウはにおいや騒音の問題から飼育は認められないでしょう。それでもダチョウを飼いたいなら、１００平方メートル以上の土地を取得し、その一角にダチョウ小屋を造る方法があります。飼育場の風通しを良くすること、空調設備があることが望ましいです。冬は暖房、夏は冷房を使います。ここまでの費用を２０００万円と想定します。

鳥インフルエンザ対策としては、野鳥との接触を避けるために防鳥ネットを使います。

◆餌の野菜は人間と分け合える

ダチョウは草食性なので、食事は旬の新鮮な野菜や果物が中心です。特別なものは必要ありませんが、１日に３キロほどは食べるでしょう。あなたの食材をちょっと分けたり、食べ残しや調理の際に出たゴミを利用すれば、餌代は月に3万円ほどで収まりそうです。

ダチョウ飼育書などによると、余り食材、食べ残し、消費期限切れの食品なども使えるそうです。フードロス対策を兼ねることもできますね。

◆体は丈夫

丈夫な鳥なので、餌代以外はさほどお金はかかりません。飼育費用としては、掃除用品に1万円ほどみておけば大丈夫そうです。ただ、思いがけない病気やケガに見舞われたときのために、月2万円ほど自主的に貯金をしておくと安心です。

◆飼うならメスがおすすめ

ダチョウは1羽のオスと3～4羽のメスがペアになります。気性が荒く攻撃的になりがちなオスよりも、穏やかなメスの方が飼育しやすいでしょう。メスの健康状態や年齢などによりますが、1年に数十個の卵を産みます。オスがいなくても産む数は変わりません。

卵の重さは約1・2キログラムで、味はおいしくありませんが、卵の殻は手工芸の材料として人気があります。ダチョウの卵殻ビーズは古代から制作されており、ネックレスはかなりおしゃれです。卵をせっせと産んでもらって、卵の殻や自作アクセサリーを売れば、ダチョウの食費をまかなえるかもしれませんね。

「ズバリ推測」月間家計簿

ダチョウ

1カ月5万3000円
(1日1766円)

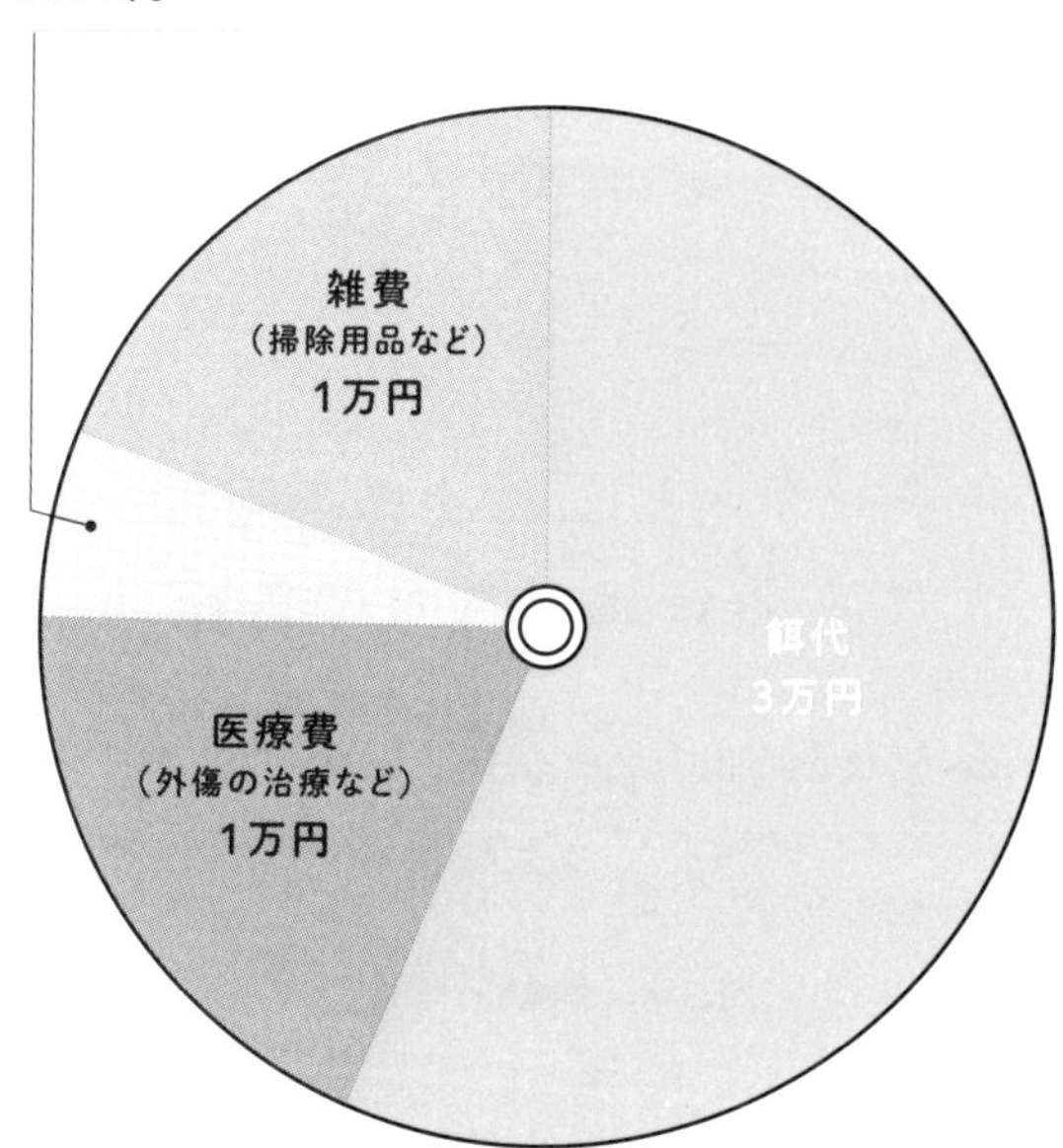

チーター

1日7400円

チーターとふれあって同居 でも餌(えさ)代はかなりの負担

◆ **チーター**(学名:*Acinonyx jubatus*)

◆ **生息地**:アフリカ大陸サハラ以南のサバンナや半乾燥地帯、イランからインドの森林やサバンナ

◆ **サイズ**:体長105〜152cm　体重35〜65kg　尾長51〜87cm

◆ **食性**:小型から中型の哺乳類

◆ **特徴**:地上最速の動物で、時速110kmを出せる。基本的に単独生活だが、兄弟や若いオス同士で群れをつくることもある

◆陸上最速の美しいネコ科の王者

チーターの走りは陸上最速です。秘密は、体脂肪ほぼゼロの引き締まった流線形の体。チーターは体を丸めたり伸ばしたりして、バネのように働くことで瞬発力を増幅します。

チーターの美しい姿は人を強く魅了し、古代エジプトの王もペルシャの王も、チーターを飼育していたと伝えられています。現在では絶滅に瀕しているため、生体取引はワシントン条約で禁止されましたが、実際にはいまだ密輸が横行している状態です。

そういう訳ですから、ここでは想像上のチーター飼育を楽しむことにしましょう。

◆同じ部屋で一緒に暮らせる!

チーターは狂暴そうですが、自分より大きなものを襲いません。よって、ライオンやトラでは不可能な同室同居ができます。ただし、イエネコのようになつくことはありません。リードを付けての散歩もできますが、他の動物とすれ違わないように配慮が必要です。

◆全力疾走できる運動場

屋内で一緒に過ごすことができるといっても短時間だけのことで、基本的にチーターは屋外飼育です。

飼育場には寝室のある獣舎と、運動不足解消のための運動場が必要です。自己所有の土地が使えるとして、獣舎は5000万円、運動場は4000万円の予算としましょう。

同じネコ科でもライオンは高いところが好きなので上下運動を好みますが、チーターは直線距離が重要です。そこで、幅5メートル、長さ50メートルの細長い空間を用意したいですね。周りを高さ3メートルほどの柵で囲めば、脱走対策も抜かりありません。

知的好奇心を満たす遊びも必要です。獲物を模したぬいぐるみや、狩りの本能を引き出す動くおもちゃなどを好んでくれそうです。ただし、すぐ壊れてしまうでしょう。

◆肉メインの餌代は月18万円

餌代については一概に言えませんが、1日あたり1～2万円とみておきます。食欲が旺盛(おうせい)な個体なら、安い馬肉や鶏肉をうまく組み合わせて、月18万円ほどに抑えたいですね。

◆血液検査や腎臓病のケアに月3万円

チーターを診(み)てくれる動物病院はありませんので、病気は未然に防ぐことが重要です。それでも、血液検査や腎臓病のケアなどが必要になってきそうです。この医療費は月3万円と想定します。

チーター

1カ月22万2000円
（1日7400円）

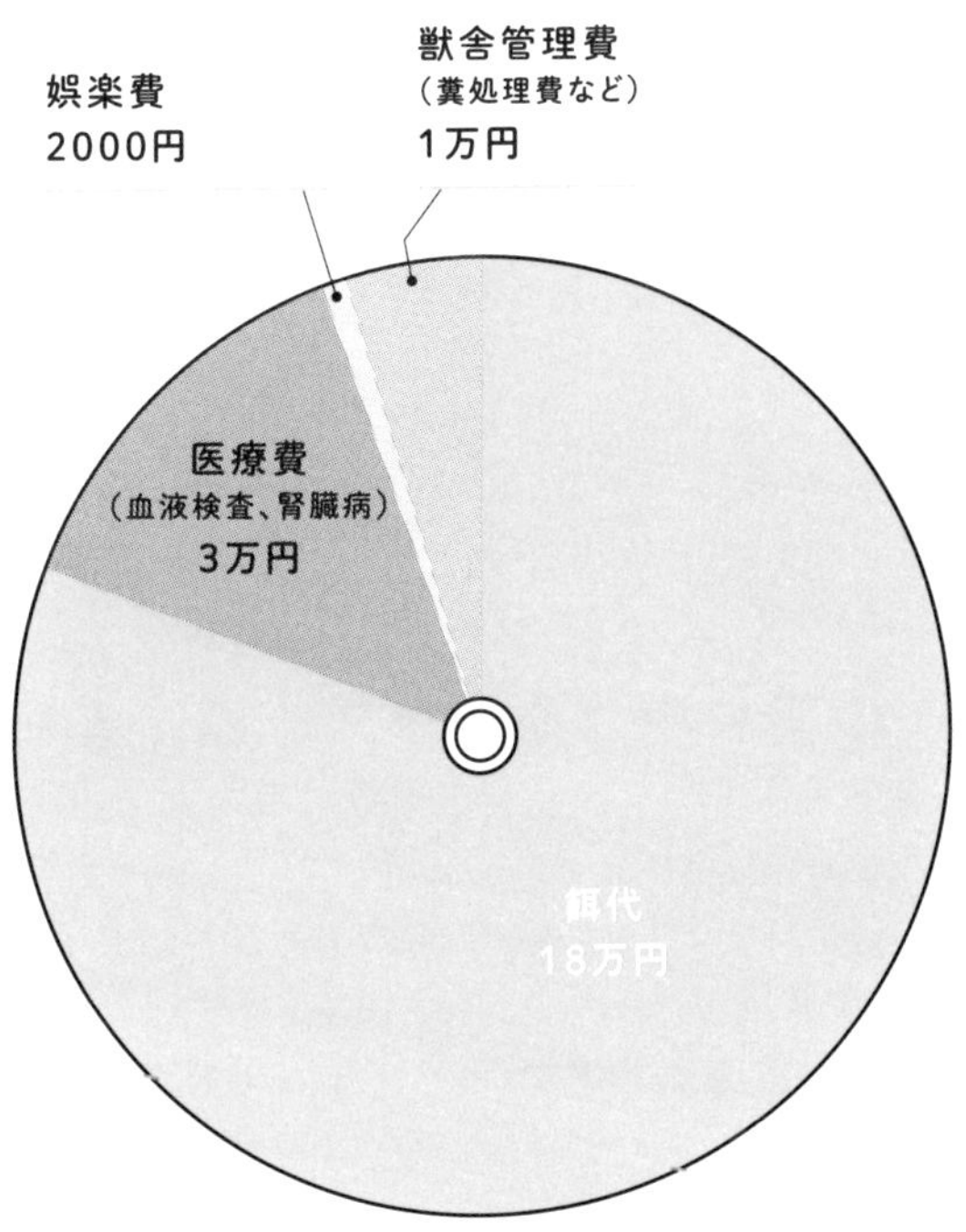

チンパンジー

1日9766円

チンパンジーのために
山奥にツリーハウスを建てる

◆ **チンパンジー**（学名：*Pan troglodytes*）

◆ **生息地**：アフリカ大陸の中央部や西部の森林やサバンナ

◆ **サイズ**：身長100〜150cm　体重32〜60kg

◆ **食性**：果物、葉、種子、樹皮、アリやハチ。時には小動物を食べる

◆ **特徴**：人とチンパンジーは非常に近く、DNAの塩基配列は98.8%が同じ

チンパンジーは社会性・知性を備えた魅力的な動物です。とても陽気で、人間とも良好な関係を築くことができ、頭をなでる、背中に触れるなど、スキンシップも大好き。ただし、興奮しやすいという欠点があるので、普段から信頼関係を築くことが大事です。動物園では飼育員との相性があり、良好な場合は、息の合った親友同士のような濃密な関係になることも。

そんな魅力的なチンパンジーを、個人飼育できるのかといえば、答えはもちろんノーです。絶滅危惧種として保護されており、動物福祉や自然保護の観点からも望ましくありません。

チンパンジーはアフリカの赤道付近にある熱帯雨林などで暮らしています。そこで、思い切ってあなたが彼らの生息地であるアフリカの森林に移住し、ツリーハウスを建てて一緒に暮らしましょう！

……というのが理想ですが、あまりに現実味がないので、日本の山奥で考え直しましょうか。ツリーハウスは樹木を基礎として利用する家屋です。材料の手配や組み立てなどを自分でやれば1000万円ほどですむかもしれません。チンパンジーは寒さに弱いので、ハウス内には床暖房を入れます。ハウスが完成したら、月10万円を予算として組み入れ、あちこちを修繕しながら住みます。ケンカやメスの発情などの事情により、同じハウスがもう1つ必要になるかもしれません。

ツリーハウスを主要な居室として、近くに工事現場の足場に使う資材を使ってジャングルジムのような遊び場を造りましょう。これは定期的に組み替えてあげます。

◆ウンチやオシッコはたれ流し

賢いチンパンジーですが、飼育するにあたっての弱点もあり、トイレトレーニングができないことが挙げられます。ウンチやオシッコを汚いと感じないらしく、所かまわずするのです。室内は丸ごと水洗いできるようにしておきたいです。

◆仲間になって一緒に狩りをしよう

自然下でのチンパンジーは、20~100頭の大きな群れで生活します。メスは大人になるとパートナーを求めて群れから出て行ってしまいますが、オスはたいてい残ります。

そんな大所帯の群れに、あなたも一員として加わりましょう。チンパンジーの言語を習得すべく、様々な声や身振り手振りでコミュニケーションします。

餌(えさ)をとるための狩りにも当然参加します。身体能力において、人はチンパンジーにかなわないので、モーターや人工筋肉などを使って動きを補助してくれるパワーアシストスーツを利用するといいかもしれません。機能や契約内容によりますが、月５０００円ぐらいのレンタル料を見込みます。

❖なんでも食べられるので飼育難しくない

さすが人と近いだけあって、チンパンジーも人と同じように雑食性で、様々なものを食べます。自然の中では、木や草の葉や花、種、果物などを食べます。植物以外では、アリやシロアリなどの昆虫、小型のサルなどの哺乳(ほにゅう)動物なども食べます。動物園でも野菜や果実、パン、卵などを与えています。人間用の食事を２人分多めに作って分けてあげるぐらいで足りるかもしれません。月々約６万円といったところでしょうか。

❖チンパンジーの医療費

チンパンジーと人間の遺伝子は98パーセント以上が一致します。ということは、人間と同じ病気にかかるということです。

インフルエンザなどの感染症対策で、ワクチンを検討するのもいいかもしれません。最近はアトピーなどの皮膚(ひふ)病も多く報告されています。人間用の治療薬を使えるケースも少なくありませんので、しっかり治してあげましょう。

それなのに人間のような保険はなく、チンパンジー専門の獣医師も皆無です。医療費は、動物園専属獣医師の休みの日に頼み込んでやってもらえるとして、月々8万円ほどでかかりつけ医になってほしいですね。

チンパンジーは力が強く、噛む力も強力です。日本の動物園でも、飼育員が指を噛み切られる事故がありました。あなたの医療費も倍増しますし、場合によっては命の危険もありえます。

◆人間の保育器やオムツが使える

群れ飼育であれば、子供が生まれる可能性があります。育児放棄などで、あなたが子供を育てることになったら、人間用の保育器やオムツ、粉ミルクが使えます。離乳・自立まで約4年、1頭あたり90万円ぐらいといったところでしょうか。1カ月あたり育児費用2万円ほどと想定しておきます。

◆仲良くなってもいつかはお別れ

子どもたちが成長してきたら、繁殖相手を探して、他の群れに移してあげます。また、群れになじめないオスがいたら、やはり別の群れを探してあげたほうがいいでしょう。近親交配を避けチンパンジーの健康を守るためにも、寂しいですが必要なお別れです。

やはり、野生で自由に暮らす姿を尊重し、絶滅から守る方法を探りましょう！

「ズバリ推測」月間家計簿

チンパンジー

1カ月29万3000円

（1日9766円）

※市内の山奥に建てたツリーハウスを想定。

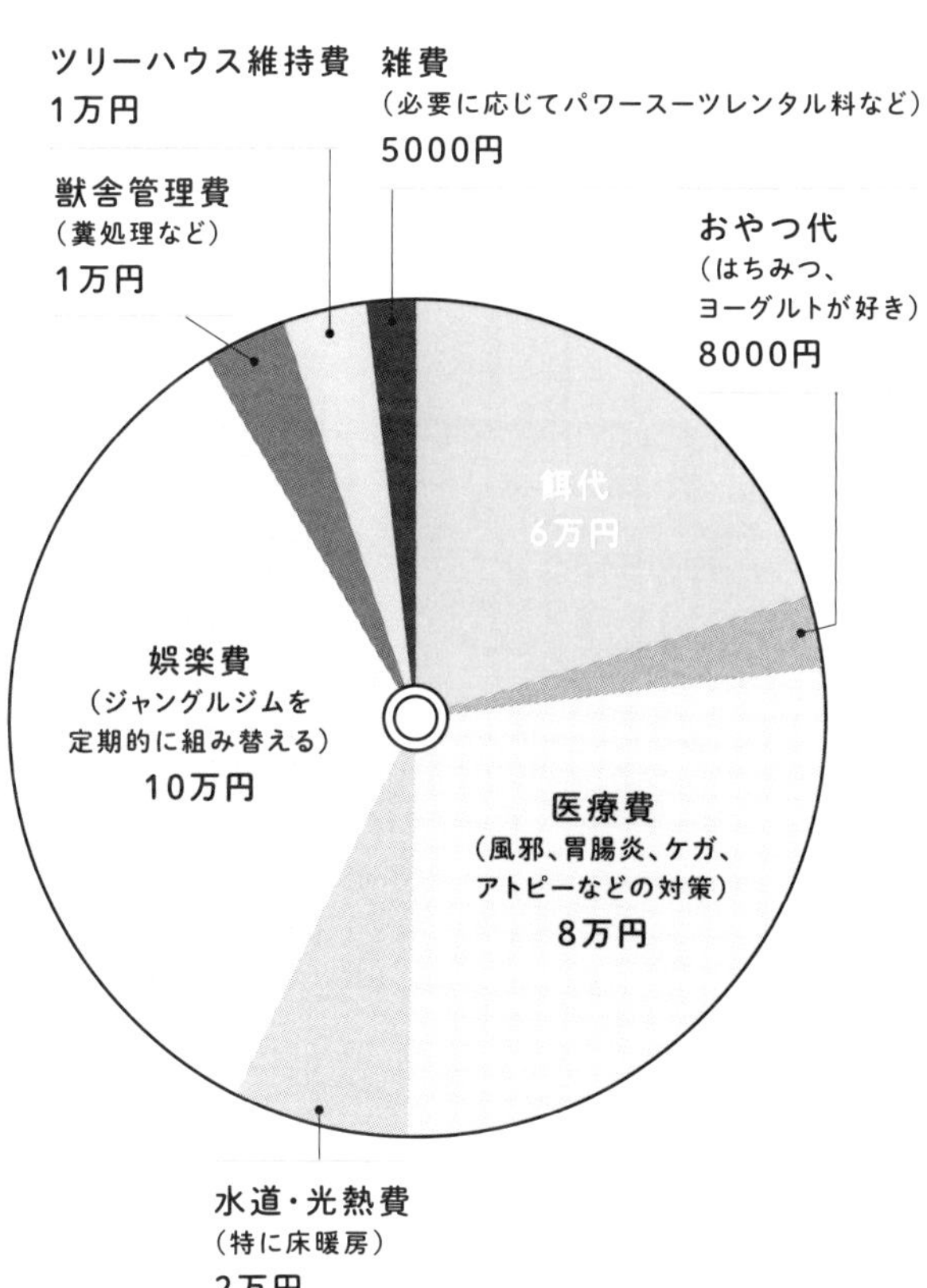

コラム

動物園・水族館のクラウドファンディング事情

日本の動物園や水族館の多くは、公的な施設として税金で運営されてきました。しかし、近年では、動物福祉の問題や国際的な規制の強化により、施設の整備や燃料費高騰（こうとう）などにより、コストが増加しています。こうした園館の多くは、入園料・入館料収入や公費などによって運営されており、さらに、税収の減少や予算の削減も重なり、新たな資金源の確保が課題となっています。

1つの手段として、インターネットを介して不特定多数の人から資金を募集するクラウドファンディングが活性化しています。僕の周りにもクラウドファンディングに参加した人がいます。しかし、よほどの動物好きや、その施設に強い思い入れがある人でないと、1回参加して返礼品を受け取ってそれっきり、といった結末になっているようです。

こうした点を考えると、アメリカは良いお手本になります。アメリカの動物園や水族館は、寄付で成り立っているところが少なくありません。多くの施設ではまず理念と個性のある園長を決め、それに合うスタッフを集め、次に飼育動物を決め、獣舎や配置を作るなど、特色のある動物園づくりに取り組んでいます。

日本では、動物にあまり興味のない人が決定権を持つ例が少なくないため、特色の少ない動物園や水族館ばかりになっているといえるかもしれません。日本の動物園や水族館は、その成り立ちから公園や教育施設としての意味合いが強く、動物に本当に関心のあるプロが少ない、育っていないのが実情です。

日本の動物園や水族館も、普段から特色のある施設づくりを目指すことで、いざクラウドファンディングに挑戦するというときに成功率が高まり、持続可能な運営につなげることができるはずです。

今後の希望となりそうな事例はいくつもあります。

アドベンチャーワールド（和歌山県）は、クラウドファンディングで目標金額の500万円を大きく上回る7038万3000円を集めました。パンダという超人気動物がいるからという理由も大きいですが、理念や想い、特別な体験を提供することが多くの人に訴求したことも、成功の一因でしょう。小規模の施設でも、ふれあい動物園ピクニカ共和国（福岡県）は、目標金額の150万円を大きく上回る670万8000円を集めました。

このように、参加者と一緒に動物園や水族館をつくりあげることを強くアピールすれば、参加者の満足度や忠誠度も高まるのだと思います。

ペンギン

1日4666円

庭と部屋、両方でペンギンと暮らす欲張り生活

- **フンボルトペンギン**（学名：*Spheniscus humboldti*）
  オウサマペンギン（学名：*Aptenodytes patagonicus*）
- **主な生息地域：**主に南半球
- **サイズ：**体長67〜72cm　体重4.2〜5kg
- **食性：**肉食。魚類、甲殻類、頭足類を捕食する
- **特徴：**鳥類だが、飛ぶことはなく、翼は特殊化しひれ状のフリッパーとなっている。首が短く、他の鳥類とは異なる独特の体型

◆南極にすむペンギンは2種類だけ

ペンギンは世界に18種類いるとされており、日本ではそのうちの12種類を水族館や動物園で見ることができます。「ペンギンは南極にすむ動物」というイメージを持っている人もいるようですが、南極にはコウテイペンギン（エンペラーペンギン）とアデリーペンギンの2種類しかいません。

◆日本に多いのはフンボルトペンギン

ペンギンは特徴や生息地が多種多様で、飼育方法も様々です。日本の水族館や動物園で最も多く飼育されているのが、白黒で首に黒い帯のあるフンボルトペンギンです。フンボルトペンギン属というグループに属しており、同じ仲間であるマゼランペンギンとケープペンギンとよく似ています。

フンボルト、マゼラン、ケープは温かい地域に棲むペンギンたちなので、日本でも比較的飼育しやすい種です。長年の飼育技術の蓄積もあり、繁殖も順調です。

◆家の庭で飼育できる

そんなにたくさんいるなら、フンボルトペンギンの1羽ぐらい飼えそうだと思うかもしれませんが、絶滅危惧種なので個人での購入はできません。

フンボルトペンギンを、屋外施設で通年飼育する日本の水族館や動物園は少なくありません。広めの一戸建てであれば、フンボルトペンギンを庭で飼育することはできそうです。ドアなどの開口部から逃げ出さないよう、出入りの際はご注意ください。

ただし、近年は鳥インフルエンザの問題が深刻化しています。野鳥との接触を避ける防鳥ネットや、大きめのケージを持っておくといいかもしれません。

◆大きくて深いプールは絶対に必要

まず敷地内に必要なのは、池かプールです。なるべく大きく、なるべく深いのが理想です。業者などに依頼し、できるところは自分でやれば、工事費用は500万円ぐらいでできるかもしれません。その後の維持管理費は月々1万円ぐらいを見積もっておきます。

◆池やプールの水は水道水でもOK

ペンギンは海の鳥ですが、真水でも飼育できます。ただ、「海水の方が水の中にいる時間が長い」という報告もあるため、海水の利用を検討してもいいでしょう。実際に、海から遠い水族館や動物園でも、毎日トラックを使って海水を運び入れている例もあります。

海水はそのままでなく、ろ過や滅菌などをして水質管理が必要です。また、ペンギンにはトイレのしつけができないので、水中陸上を問わず、どこでもウンチやオシッコをしてしまいます。プールや池の水はいつも清潔に！

月々のランニングコストとして10万円を予定しておきましょうか。

◆猛暑対策は欠かせない

南極のペンギンではないので冷房施設は不要ですが、最近の日本はとにかく暑い！　酷暑対策として日よけシートやミストシャワー、スプリンクラーなどを設置してあげましょう。

自宅にあるキャンプ用品や園芸用品などを利用できそうです。初期費用は数万円かかりますが、水道・電気料金は微々たるものです。

◆季節の魚を毎日たっぷり

フンボルトペンギンが1日に食べる餌（えさ）の量は、体重の10パーセントだそうです。アジやイワシ、イカなどの魚を与えましょう。体重4キログラムのペンギンなら、月の餌代は3万円ほどと、高めに見積もってみました。

◆室内にはオウサマペンギン

庭にフンボルトペンギンがいるなら、室内にはオウサマペンギン（キングペンギン）がいてほしいですね。見比べるのが最高の楽しみになるはずですが、フンボルトの倍以上の飼育費用がかかります。

オウサマペンギンはコウテイペンギンに次いで世界で2番目に大きなペンギンで、体長約90センチメートル、体重10～16キロです。亜南極の島々で繁殖するので、夏場の冷房は必須です。初期費用として飼育設備の費用は、プールや池の建設費や水質管理費、空調設備費などを含めて数百万円から数千万円ほどかかるでしょう。実際は生体購入、運搬、設備の増改築など様々なことにお金がかかり、初期費用は1億円を超えるかもしれません。

体が大きい分、餌代もフンボルトの倍以上の月10万円以上を予定しておきましょう。

◆かかりつけのベテラン獣医師を探す

定期検査や投薬、ケガ治療なども必要ですが、街の動物病院では対応不可です。ベテランの獣医師に往診してもらい、フンボルトとオウサマを一度に診(み)てもらいましょう。月に1万円で提案してみてはいかがでしょう。

さて、フンボルトもオウサマも絶滅危惧種ですし、飼うとお金がかかりすぎることが分かりました。動物園や水族館では、様々な法律や規制、動物福祉などの問題がクリアされているから、日本のどこでも見られるのです。国内で飼育されるペンギンは6000羽とも。近くの動物園や水族館へ気軽に見に行きましょう！

「ズバリ推測」月間家計簿

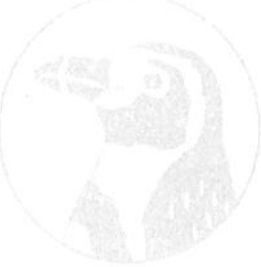

ペンギン

1カ月14万円
(1日4666円)

※池のある庭付き一戸建てでのフンボルトペンギン飼育を想定

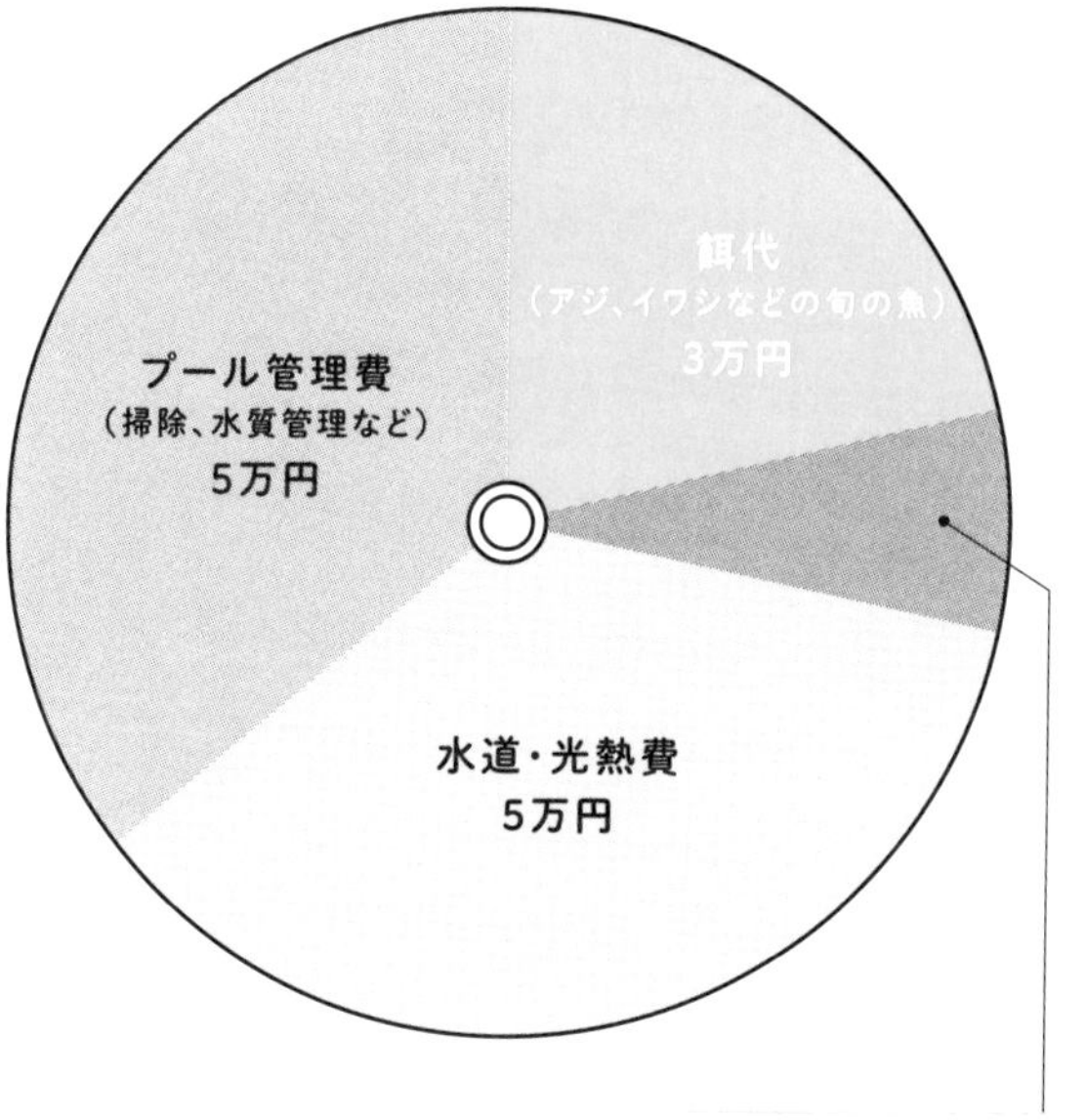

餌代
(アジ、イワシなどの旬の魚)
3万円
プール管理費
(掃除、水質管理など)
5万円
水道・光熱費
5万円
医療費
(呼吸器感染症対策など)
1万円

マイワシ

1日9500円

見て美しい、食べておいしい魚を、
短いサイクルで飼育

◆ **マイワシ**（学名：*Sardinops melanostictus*）

◆ **主な生息地域**：東アジア沿岸部

◆ **サイズ**：体長約20cm

◆ **食性**：珪藻、植物プランクトン

◆ **特徴**：体の上面が青緑色、側面から腹にかけては銀白色をしている。大群をつくって遊泳する

◆日本ではなじみ深い魚

水族館ではアシカなどに目が行きがちですが、魚類展示も見逃せません。たとえば、マイワシ。銀白色に輝く体と、体側に並ぶ黒い斑点（はんてん）が美しい魚です。日本の食文化にも深く関わっており、イワシ（鰯）は秋の季語としても知られています。

水族館では近年、マイワシ展示が人気です。敵のサメも同居させることで、マイワシが群れになって身を守る様子まで含めて見せ、照明や音楽に合わせて群れで動くパフォーマンスを行う水族館もあります。ただ、マイワシはウロコがはがれやすいため、定期的にマイワシの生体を投入しなければならないそうです。かなりお金と手間がかかります。

◆海水を引き込めるいけす付き物件

理想の飼育環境は、地元の海で穫（と）れた魚を泳がせ、販売する道の駅などにある「いけす」です。もしくは、寿司店のカウンターにある巨大水槽もいいですね。そうした店舗を借りたり、購入したりすれば、すでにある海水用の水槽を利用できるわけです。まずは不動産業者に相談してみるところから始めます。

あるいは、海の近くに移住し、一からいけすを造ることも視野に入れてもいいでしょう。その場合は、月20万円のローンで物件を取得し、いけすを50万円で造ると考えてみます。

◆釣って、眺めて、食べて、また釣る

マイワシを食べたことのある人は多いでしょうが、飼育したことのある人は少ないでしょう。そもそもマイワシの養殖は成功していないので、まとめて入手する方法はありません。地道に釣って集めることになります。ただ残念なことに、ダメージの少ない状態で釣れて、いけすに入れることができてもあまり長生きしません。

そこで、じっくり観賞したら食べてしまいましょう。そして、また釣ってくるのです。釣り道具一式を最初に2万円でそろえ、仕掛けや餌(えさ)などの消耗品は月2万円で収めたいところです。

◆日々の費用はそれほどかからない

飼育の経費を主に占めるのは、餌代、水質管理費です。餌は冷凍アカムシ、アミ、プランクトンなどが考えられますが、何を食べるかはわかりません。「大人の自由研究」気分で、月5000円の予算にて様々なものを試してみましょう。

いけすには照明やフィルターを設置することが望ましく、それらを稼働させると、消耗品と光熱費で月1万円ほどかかりそうです。海水は天然のものを利用すれば無料です。

「ズバリ推測」 月間家計簿

マイワシ

1カ月 28万5000円

（1日9500円）

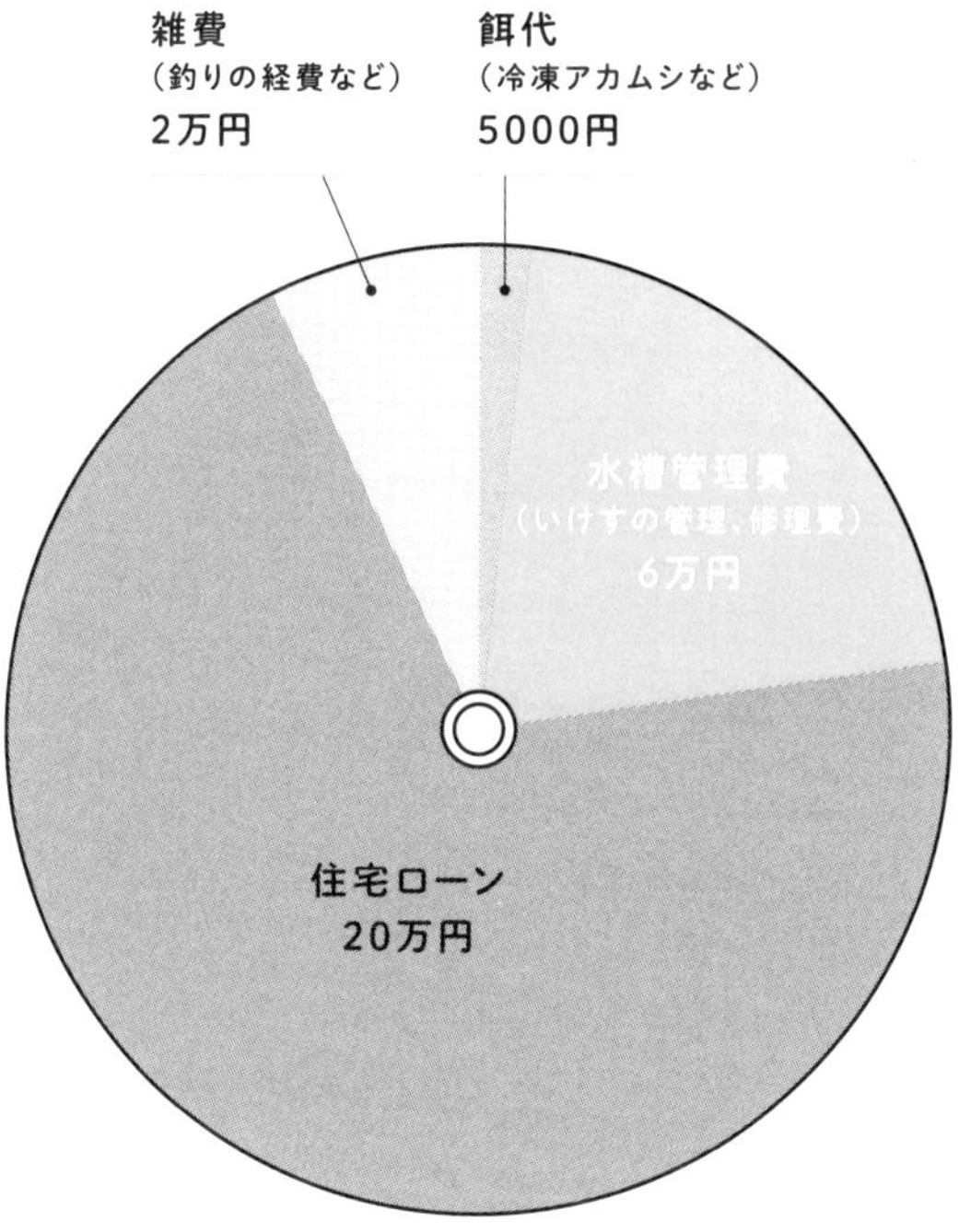

モモンガ

1日900円

保温・加湿必須だから
電気代が最大の出費

- **フクロモモンガ**（学名：*Petaurus breviceps*）
- **主な生息地域**：ニューギニア、オーストラリア北東部、タスマニア島
- **サイズ**：体長12～15cm　尾長14～16cm　体重80～160g
- **食性**：雑食。樹液や植物、種子、昆虫やクモまで幅広く食べる
- **特徴**：育児嚢（のう）を持つ有袋類（ゆうたい）。飛膜を広げて50mほど滑空する。様々な鳴き声を操りコミュニケーションをとる。図はニホンモモンガ

袋のあるモモンガと袋のないモモンガ

モモンガは大きく2種類に分けられます。まずは一般的なモモンガであるタイリクモモンガです。日本では、本州などのニホンモモンガ、北海道のエゾモモンガがこれに含まれます。タイリクモモンガは特定外来生物、ニホンモモンガは絶滅危惧種のため飼育できません。ペットとしてアメリカモモンガが親しまれていましたが、輸入規制対象となりました。もう1種はフクロモモンガです。お腹に育児嚢（のう）と呼ばれる袋がある有袋類（ゆうたい）です。

豊富なカラーバリエーションが金額の差

近年、フクロモモンガの人気は上昇し、小動物ファンのハートをがっちりつかんでいます。小さくてかわいらしいのに、有袋類ならではの生態が面白いのです。

ペットショップ、ブリーダーなどで容易に入手でき、生体の相場は2万5000～10万円です。金額の差は色の違いで、一般的なノーマル、白色が混じるモザイク（ホワイトフェイス、ホワイトテールなど）、全身真っ白なリューシスティックなど多種多様です。

一般的にメスは警戒心が強く、オスは人なつこいといわれています。また、オスはにおいが強めです。本来群れで生活する動物ですが、1頭での飼育も問題はありません。

◆専用フードあり

フクロモモンガは雑食なので、昆虫や鶏肉、野菜、ナッツなどを与えましょう。専用ミルクや専用フード、おやつも市販されています。人気のフードは600グラムで約3000円ですが、高級フードしか食べないグルメ志向の子も少なくありません。食費は月6500円ほどです。

旬の果物を一緒に食べる時間が、飼い主の楽しみです。

◆電気代は月々3000円アップ

エアコンとペットヒーター、暖突（ヒーター型保温器具）、加湿器を併用し、飼育環境は年間を通して、室温25～28度、湿度50パーセント前後に保ちましょう。「飼育を始めて3000円以上も月額電気料金が上がった」「暑いので年中半袖」といった話をよく耳にします。

住まいは、高さがありインテリアになじみやすいアクリルケージをおすすめします。約25000円です。寝床、水のボトル、餌入れ、ステップ、回し車などを入れてあげましょう。

日常の手入れは2～3週間に一度の爪切りです。病気では、自咬症、ペニス脱、白内障など、色々な病気に注意が必要です。日々のコミュニケーションで早期発見に努めます。

夜行性なので、夜一緒に遊ぶのも楽しみです。遊び場を区切るため、3000～5000円で蚊帳を購入すると飛び出さずに安心です。

「ズバリ推測」月間家計簿

モモンガ

1カ月2万7000円
（1日900円）

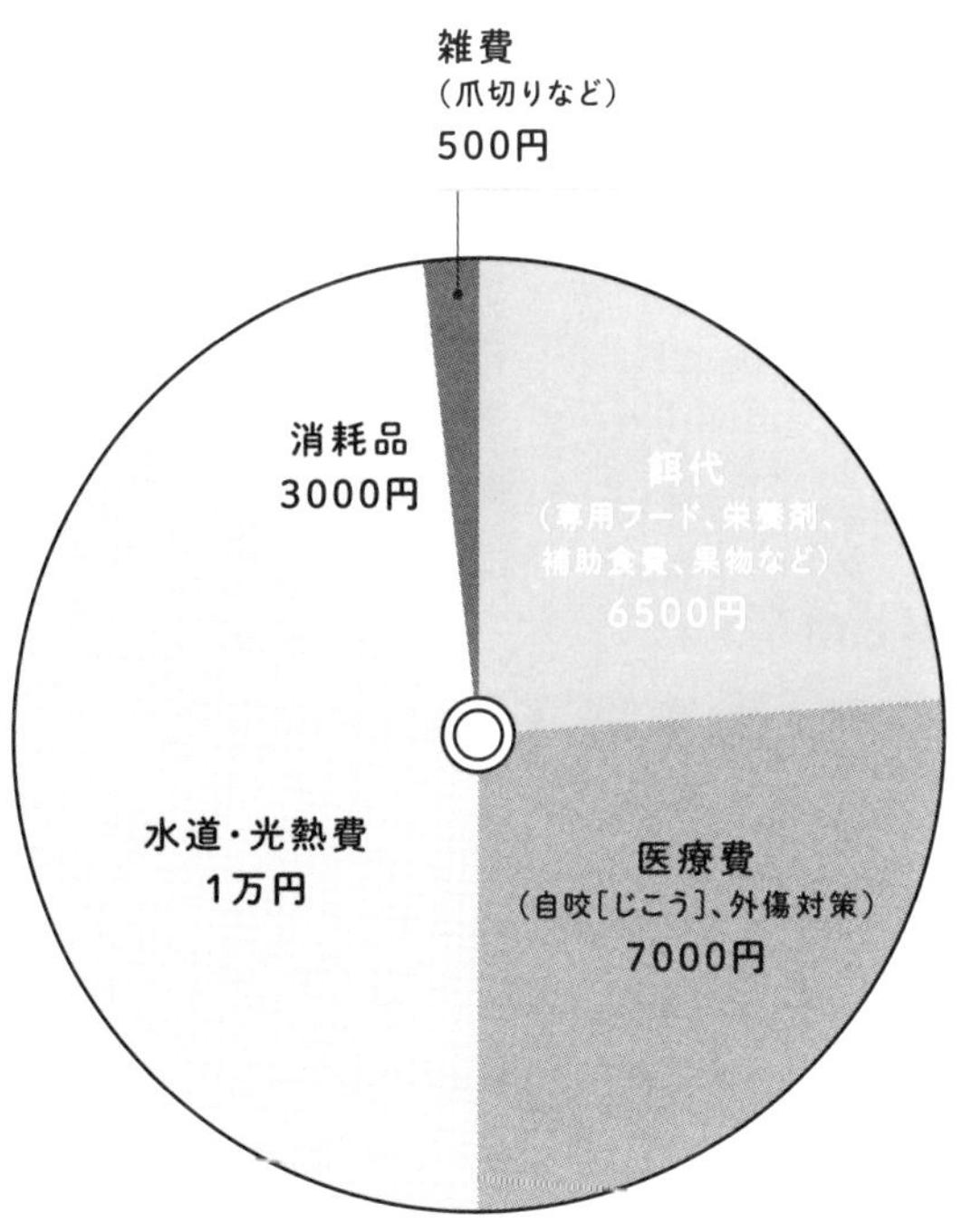

ライオン

1日**9666**円

20km^{2}の広大な土地に群れで飼育
飼育場準備に4億円

- **ライオン**(学名:*Panthera leo*)
- **主な生息地域:**サハラ砂漠以南のアフリカ大陸のサバンナや草原、インド北西部の森林
- **サイズ:**体長オス170〜250cm、メス140〜175cm　体重オス150〜200kg、メス120〜180kg　尾長67〜102cm
- **食性:**肉食
- **特徴:**群れで生活する。オスには立派なタテガミがある

11頭前後の大所帯

ライオンはプライドと呼ばれる群れで生活します。プライドは1～数頭のオスと10頭前後のメスや子から成ります。動物園などの施設では現在、単頭飼育ではなく、自然と同じ群れでの飼育が推奨されています。

オス1頭にメスや子ども10頭前後となると、全部で11頭にもなります。これだけの費用を個人でまかなうのは、かなり大変そうです。

ライオンを群れで飼育する場合に気を付けるのは相性です。基本的に仲は良好なのですが、たまに相性が悪すぎて一緒にできない組み合わせもあります。すでに先住ライオンがいる群れに新しい個体を連れてきて、初めて合流させる時は注意が必要です。

気性が荒い個体が多いオス同士、仲の悪いメス同士では致死的な争いが起こることがあります。オスとメスの場合でも、比較的他の個体に寛容になる発情期に、ケージ越しの顔合わせをさせながら相性を見極める配慮が必要です。

飼育場は脱走防止を厳重に

ライオン飼育を始めるためには、まず猛獣飼育許可を申請します。飼育用のスペースとして、500平方メートルの土地も準備しましょう。

飼育場はジャンプ対策で、周囲を高さ4メートル以上の頑丈な壁で囲み、防護柵や二重扉も必ず設置します。ついでに大きな岩を配置して、そこにタテガミをなびかせるオスライオンが上ってくれれば、堂々とした風格を感じられることでしょう。横に大きな木でも植えればアフリカさながら。チーターのところでも述べましたが、同じネコ科でも平面運動を好むチーターに対して、ライオンは上下運動を好むので、飼育場には上り下りできるものを設置します。

その他、設備としては、水場、爪研ぎ用の丸太、クーラー、外から様子が見える寝室が必要です。飼育場全体の建設費用としては、4億円ほどを想定しておきます。

◆1頭あたり4～5キログラムの肉

動物園では、馬肉や鶏肉、牛肉などの肉を1日4～5キログラム用意するそうです。塊のままゴロンとあげれば、かぶりついてくれるでしょう。安売りの時に、4キロ1000円台でブラジル産などの安価な鶏肉をたくさん買っておくことにします。

他に、動物園では歯石を取るため、牛の大腿骨を利用することがあります。これは出汁用の牛骨数千円でいいでしょう。群れ飼育なので、月の食費は20万円以上かかりそうです。

◆生体購入費は1万円以下!?

食費は高額ですが、国内での生体の値段は安く、「1万円以下」という驚きの話もあります。

1950年ごろから、日本各地に動物園が作られるようになりました。当時、ライオンは人気が高かったので、動物園は高額でも購入していました。繁殖（はんしょく）が容易であったため、その後飼育数が増えた結果、値段が暴落したというわけです。

◆高圧洗浄機は必須アイテム

冒頭で述べた相性の可否判定をきちんと経て同居スタートとなっても、ケンカやいじめは避けられません。そういうときは、水をかけてケンカを止めるのが一番です。ここで高圧洗浄機の出番です。

高圧洗浄機は、水を高圧で噴射して汚れを落とす機器ですが、実はライオン飼育でも大活躍しています。電動式やエンジン式、コードレス式などがあり、20万円ほどで高機能のものを持っておくとよさそうです。

さすがの百獣の王も、水をかけられるのはとても嫌がります。この点、同じ大型ネコ科動物のトラが水を大好きなのとは対照的で、面白いですね。檻（おり）越しの水圧でライオンには傷をつけず、ケンカでケガを負う前に迅速に仲裁できるというわけです。

これだけではなく、高圧洗浄機は、ライオン飼育の必須アイテムです。ライオンは1日3～5回ウンチをするし、においは強烈。高圧洗浄機はウンチの掃除にもとても役立ちます。

◆健康のためにオーダーメードの檻

群れ飼育では、近親交配や過剰繁殖の防止などのため、去勢が必要です。睾丸を取る手術だと、性ホルモン減少によりタテガミがなくなってしまいます。パイプカット（精管を縛る避妊手術）ならタテガミが温存されますが、手術に10万円以上、麻酔に5～7万ほどかかります。

とはいえ、最近は麻酔をなるべく使わないように工夫しています。ハズバンダリートレーニング（１０５ページ参照）をしたり、スクイズケージ（壁が動いて動物の動きを制御する檻）を使ったりします。檻を製作する会社に聞いたところ「設置の費用や個体に合わせて製作するため、５００万円から」とのこと。材料費の高騰もあり、さらに高額になりそうとのことですが、多くの動物園から好評です。買いましょう！

◆ライオンの高齢化問題にも対処

若い時は群れのリーダーとして活躍していても、ひどく頑固になるなど、加齢により性格が変わってしまうことがあります。そうなると、ケンカなどのトラブルが増えることになります。老齢個体が穏やかな余生を過ごせるような、老ライオンホームがあればいいのですが。そこで、ライオンを愛するあなたが私財を投げ打って、獣舎の一角に隔離用の檻を造り、老ライオンホームを設けるのはどうでしょう。５０００万円ほどあればできそうです。

「ズバリ推測」月間家計簿

ライオン

1カ月29万円

（1日9666円）

※日本国内の一般的な動物園を想定

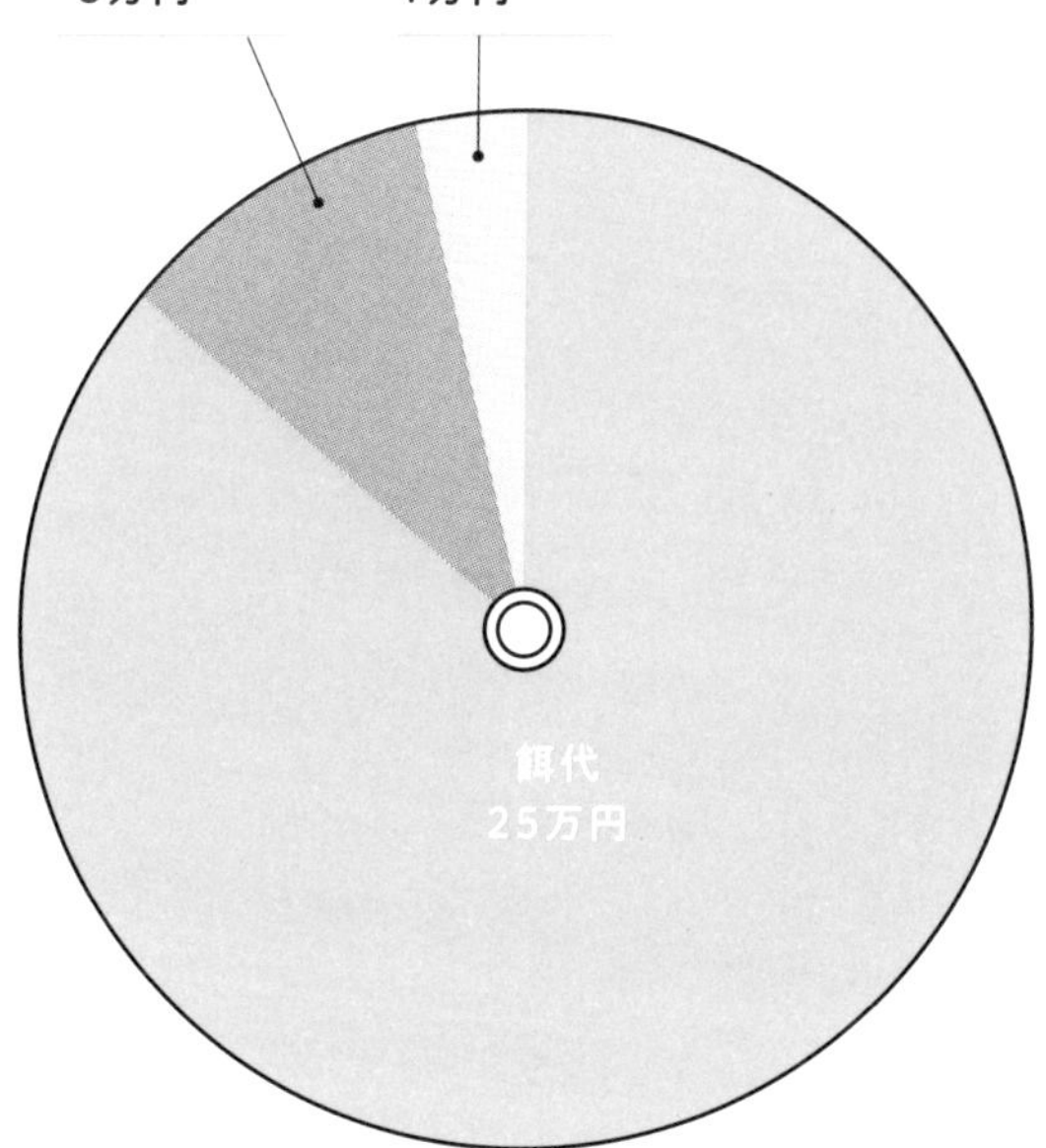

ラクダ

1日2733円

草食動物では最強クラス
ヘルメットは消耗品

◆ **ヒトコブラクダ**（学名：*Camelus dromedarius*）

◆ **主な生息地域：**アフリカ大陸、トルコ、イラン、モンゴル

◆ **サイズ：**体高180～210cm　体重360～690kg

◆ **食性：**草食性。サボテンも食べる

◆ **特徴：**砂漠などの乾燥地帯に最も適応した家畜。背中のコブには脂肪が入っている。一度に100Lもの水を飲むことができる

ヒトコブラクダとフタコブラクダ

ラクダの仲間は約4500万年前に現れたといわれています。その後、様々な種が分化し、現在はヒトコブラクダとフタコブラクダの2種がいます。ヒトコブラクダは西アジア原産で背中にコブ1つ、フタコブラクダは中央アジア原産でコブ2つ。

ラクダは特定動物に指定されておらず、ペットとして飼育するには、市町村への届出が必要です。また、近隣からの苦情のないよう十分な配慮が必要です。

種類は、どちらかというと、気質が穏やかなヒトコブラクダをおすすめします。機嫌が良ければ背中に乗って散歩できるかもしれません。ただし、ケガには注意してくださいね。

飼育場所は、広い放牧場とその一角に小屋があるようなイメージです。自己所有の土地があると仮定したら、1000万円の工事費で飼育場が造れるかもしれません。

草食で特殊な餌は不要

ヒトコブラクダは乾燥した地域にすみ、完全草食性です。草だけでなくサボテンも食べます。

自宅では、草食動物用のペレット、牧草、季節の野菜を与えましょう。餌代は1日あたり約2000円程度で月6万円程度でしょうか。十分な水も用意します。

◆2頭飼育なら飼育費用も楽しさも倍

ラクダは群れで暮らす動物なので、2頭以上での飼育が理想的です。つまり費用は2倍か、それ以上がかかると覚悟してください。メス同士は平和に同居できるケースもありますが、オス同士ではそうもいきません。オスは発情期に攻撃的になることがあるので、倉庫や納屋に隔離します。ラクダが入るコンテナハウスやプレハブハウスは50万円ぐらいで買えます。完成後は、月1万円ぐらいで維持管理していきます。

オスとメスがいて、相性が良かったら子供が生まれるかもしれませんが、その後の飼育場所確保、里親募集（もし必要なら）に苦労するかもしれません。

◆ラクダの一撃に備える

最後に怖いことをお伝えします。それは、凶暴性。動物園の獣医師として勤務していた人が「草食動物の中ではラクダがヒエラルキーのトップです。また、ラクダに注射をしたらそれを根に持ち、後日頭を噛（か）み潰そうとしてきました。以後、ヘルメット着用が義務化されました」と教えてくれました。もしも襲われたらひとたまりもありません。1個5000円のヘルメットを複数常備し、壊れたら取り替えましょう。

それでも、ラクダが本気を出せば、あなたなんて一撃です。飼うのはやめておきましょう。

ラクダ

1カ月 8万2000円
（1日2733円）

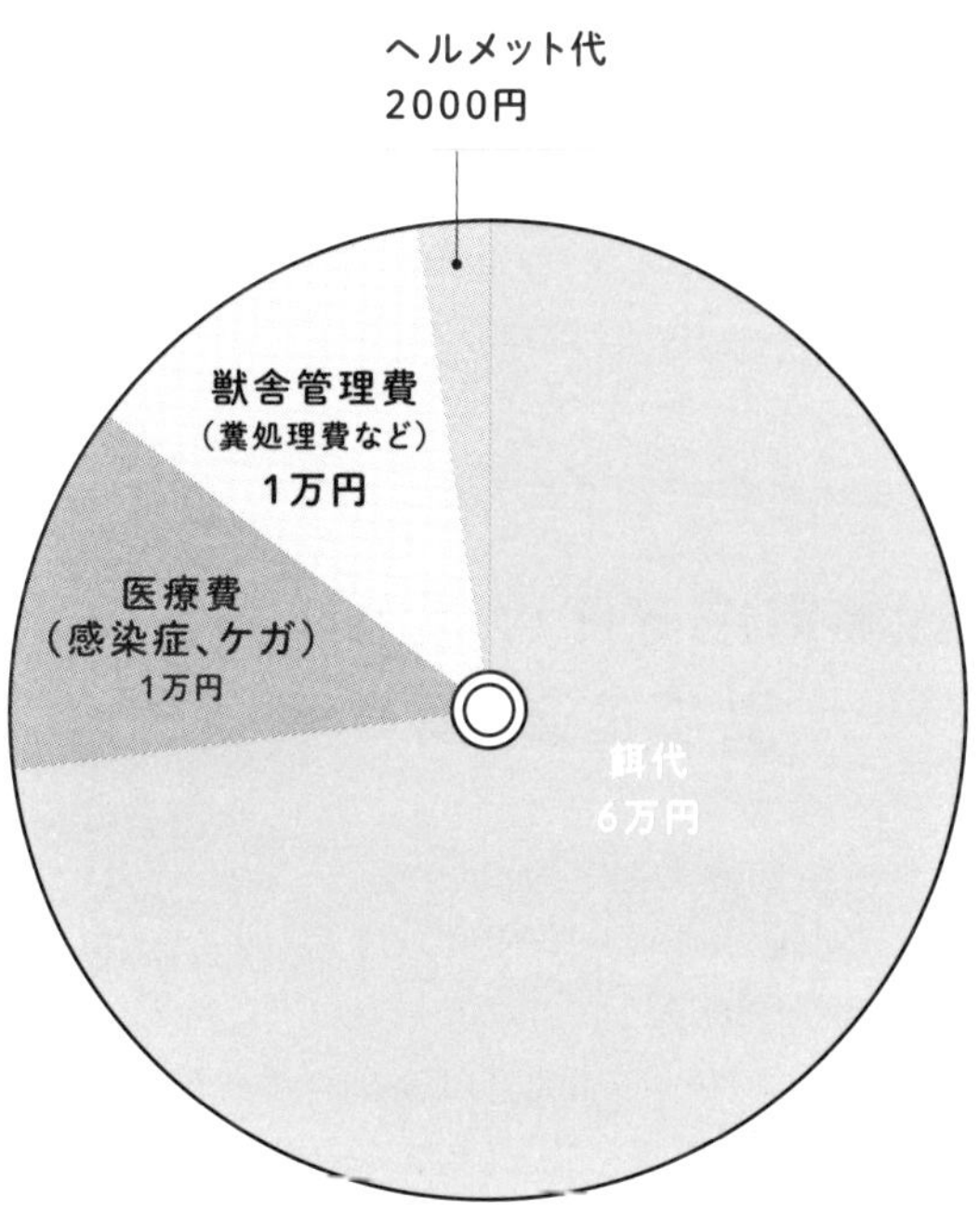

レッサーパンダ

1日5766円

竹専用冷蔵庫の専用部屋を用意
夏場は24時間冷房

- **レッサーパンダ**（学名：*Ailurus fulgens*）
- **主な生息地域**：ネパール、ブータンなど比較的寒冷な竹林、森林
- **サイズ**：頭胴長50～65cm　体重5～9kg
- **食性**：笹や竹の葉中心の雑食で、小鳥なども食べる
- **特徴**：樹上性で夜行性か薄明薄暮性。緑色でほのかに甘い香りの糞をする。マーキングや鋭い爪に要注意

◆小熊猫＝レッサーパンダ

「パンダ」といえば、白黒のジャイアントパンダを思い浮かべる人が多いでしょうが、ジャイアントパンダより先に発見されたのがレッサーパンダです。ジャイアント（大きい）パンダに比べて、レッサー（より小さい）パンダという意味です。生息地の中国では、ジャイアントパンダは「大熊猫」、レッサーパンダは「小熊猫」と漢字表記されるのを見ると、分かりやすいですね。

体のサイズは中型犬ほどなので、特別な飼育舎などを用意せずに、人間の生活空間と分けずに同居すると仮定します。

◆購入費用は300万円から

30年ほど前、動物園がレッサーパンダを購入する場合の相場は３００～４００万円でしたが、現在はワシントン条約により、輸入や国内売買はできません。種の保存に資する目的であれば可となることはありますが、現在、国内では繁殖のための無償での貸し借りがほとんどです。

もちろん、個人飼育や販売などはできませんので、仮定の話としては、右の金額を想定しておきましょう。

◆夏は22度設定で冷房フル稼働

レッサーパンダの生息地は、ネパール、ブータン、中国中央部、ミャンマー、インドの、標高1500～4000メートルの森林です。夏でも過酷な暑さにはなりませんが、冬は雪に覆われ、寒く厳しい環境です。

本来寒冷地に生息するわけですから、体だけではなく、足の裏まで体毛で覆われ体温が逃げにくいようになっています。全身モフモフで、まるでぬいぐるみのようです。

つまり、日本の住宅で暮らす場合、あなたが十分に気を配るべきことは夏の暑さ対策です。家庭用のエアコンでも十分ですが、設定は22度、かつ24時間稼働させっぱなしが望ましいです。

◆主食の竹を手に入れよう

レッサーパンダにとって、竹は腸内環境のバランスを保つのに欠かせない、重要なごはんです。多くの動物園では敷地内で専用の竹を栽培しており、また竹製品業者などに分けてもらうこともあります。

さて、大都市部を除けば、日本には竹や笹が自生しています。郊外には放置竹林が少なくありません。無断で竹を取るのはもってのほかですが、「自分で切るのでいらない竹をください」と申し出れば、譲ってもらえることもあるかもしれません。この場合、竹林の持ち主を探すところからスタートです。

いくつあっても足りないのが、竹専用冷蔵庫

竹を入手したら、竹専用の冷蔵庫で保管します。ストックする量は、鮮度が落ちない1カ月分がよいでしょう。竹は1日1本として全部で30本。1部屋が竹で埋まりますが、かわいいレッサーパンダのためには喜んで部屋を明け渡します。

レッサーパンダはそれぞれに竹の好みが違っていて、「若い竹しか食べない」「あげた量の半分以上残す」「日によって味の好みが変わる」といったことがあります。毎日きちんと餌(えさ)を食べてもらうために、竹の先端の若い部分だけをあげる、別の種類の竹をストックしておく、といった工夫が必要です。

新鮮な果物でビタミン補給

レッサーパンダは竹をメインに食べますが、雑食性です。もしも小鳥も同居していたら、小鳥や卵を食べてしまうかもしれません。鳥にとっては悲劇ですが、レッサーパンダにとってはおいしいおやつでしかないので、注意が必要です。

それから、ビタミン・ミネラルを補うために、リンゴやバナナなどの果物を毎日あげましょう。あなたと同量か、半量で十分です。

◆爪（つめ）や歯は強力！　革手袋は消耗品

木登りに向く鋭い爪、竹を噛（か）み砕く歯、顎（あご）の力には要注意。おとなしい性格ですが、怒るとひっかいたり噛み付いたりしますので、革手袋は必需品です。

手袋は肘（ひじ）まである長いものがおすすめです。数日で穴が開いてしまうので、こまめな交換が必要になります。革手袋でもガードできない打撲はいさぎよくあきらめましょう。

◆比較的お医者さんにかかりやすい

比較的人になれる種である、麻酔なしで治療ができる、体重も軽いということから、医療にかかる難易度は他に比べて高くはありません。エキゾチックアニマルが得意な獣医師、動物園経験者の獣医師であれば診療が可能です。

治療費はイヌとあまり変わらないと想定してよいでしょう。

「ズバリ推測」月間家計簿

レッサーパンダ

1カ月17万3000円

(1日5766円)

獣舎管理費
(糞処理費など)
5000円

革手袋
3000円

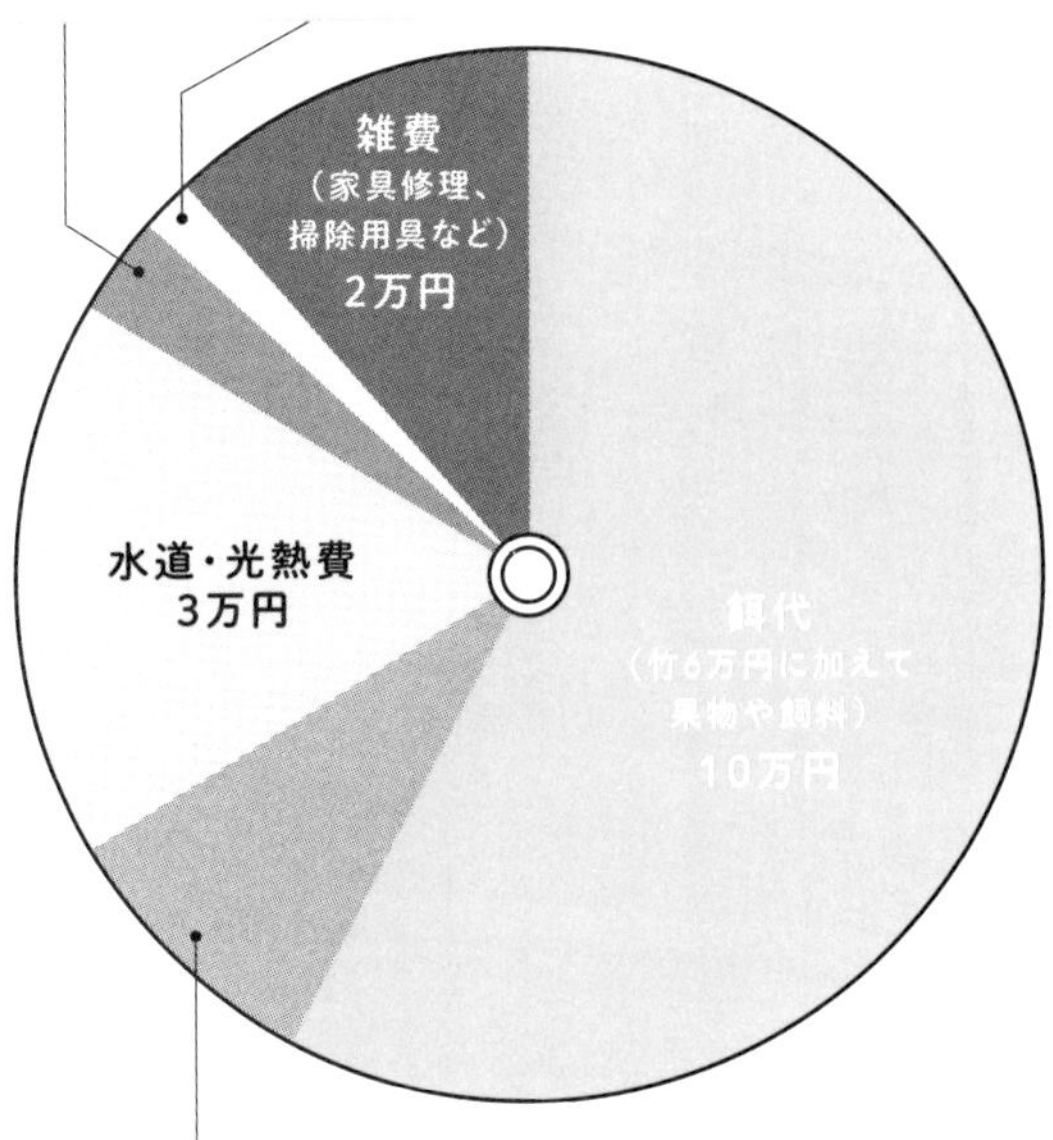

医療費
(感染症、ケガ)
1万5000円

コラム

ペンギンの恋を応援できない理由

世界に18種いるとされるペンギンのうち、12種が日本の動物園や水族館で飼育されています。その中でも、フンボルトペンギンは最も身近な存在でしょう。

フンボルトペンギンは、南アメリカ大陸の太平洋側を流れるフンボルト海流（ペルー海流）に沿って分布するペンギンです。胸に黒い帯模様が1本あり、くちばしの周りのピンク色の皮膚がむき出しになっていることで、非常によく似たマゼランペンギン、ケープペンギンと見分けられます。

日本の気候はフンボルトペンギンの生息地とそれほど変わらず、屋外飼育が可能です。また、古くから飼育されてきた実績があり、飼育・健康管理に関する高い技術とノウハウも蓄積されています。そのため、日本の動物園や水族館での繁殖実績は良好で、相性の良いペアであれば、春先や秋の年2回（場合によっては年3回）、繁殖できる可能性があります。

多くの場所で見られ、ヒナ誕生のニュースに触れることも少なくないため、希少性を忘れてしまいそうですが、野生個体は激減しています。フンボルトペンギンの生息地では、人間による環境破壊や魚類の乱獲、エルニーニョ現象などが大きな問題となっているのです。

　そこで、「野生下で絶滅しそうな動物達を動物園で飼育することにより、地球上から消えてなくなるのを防ぐこと」を大きな役割とする動物園や水族館の出番です。日本はフンボルトペンギンの絶滅を防ぐための重要基地の一つとして、頑張らなければいけません。

日本の動物園や水族館などの施設は、飼育方法や餌（えさ）、病気治療法の研究に尽力しています。とはいえ、数がとにかく増えればいいというわけではなく、近親交配を避け、同一家系の子孫が増えるのを防ぎつつ、健全に個体数を増やしていかなければなりません。

　そこで、日本では現在、ペンギン全個体の戸籍を作り、種別調整者の指導のもとで、個体の移動やペア形成を行っています。飼育下のフンボルトペンギンは夫婦仲が良く、一生同じペアと添い遂げる確率が高いとされています。

　でも、相性が良すぎて、飼育員や獣医師の制止などものともせず、くっついてしまうペアはいるものです。惹（ひ）かれ合うペンギン同士を、もし、種別調整者の指導を受けずにペアにしてしまったら、１羽当たり３００万円の罰金！……というのは冗談です。

　罰金はありませんが、罰則はあります。その動物園での繁殖は停止となり、しばらく新しい個体の搬入ＮＧとなった例があるのです。

　ではもしそうなってしまったら？　愛し合うペンギンは別れさせないまま、産んだ卵を偽卵（ぎらん）に取り替えたりして、繁殖を防ぐ努力をするのです。

身近な
ペット、
一緒に
住んだら
いくら？

飼えない動物は
お金がかかりすぎたり、
環境を用意するのが大変だったり、
飼うのは難しくないけれど
保護が必要で個人飼育が
できなかったりしました。
ここでは飼えない動物との
比較をするために、
ペットとして身近な動物を
取り上げて紹介します。

イヌ

1日2793円

ヒツジ牧場を買い取って
牧羊犬ならではの生活を堪能

- **イヌ**(学名:*Canis lupus familiaris*)
- **主な生息地域**:世界中
- **サイズ**:体高約53cm　体重14〜30kg超(ボーダー・コリーの場合)
- **食性**:雑食、肉食
- **特徴**:人間との付き合いが長く、信頼関係を築くと良きパートナーとなる

◆明るく活発で、運動能力も抜群

ペットやコンパニオンアニマルの代表的存在、イヌ。様々な犬種があり、どの種も魅力的ですが、もともとは、人間の仕事や趣味に協力するために作出された動物です。

たとえば、ボーダー・コリーは牧羊犬として作出された犬種で、ヒツジを追って広い土地を駆け回ってきました。明るく聡明で、運動能力も抜群です。

レトリーバーは獲物の回収（レトリーブとは持ってくること）が得意な犬種グループで、水鳥猟や鳥撃ちなどで活躍してきました。

ペットとしてイヌと一緒に暮らすだけでも楽しいですが、せっかくなので、そのイヌ本来の持ち味が活(い)かせる飼い方を空想してみましょう！

◆ヒツジ牧場を買い取る

ヒツジ牧場を買い取って、その脇に家を建てて、ボーダー・コリーを飼う暮らしなんていかがでしょうか。郊外での田舎(いなか)暮らしもいいものですよ。

というわけで、ヒツジ牧場を買い取る方法と資金を考えます。これには相当な資金が必要です。日本にもヒツジ牧場はありますが、ほとんどは観光用であり、毛や肉目的の商業的なものはあまり多くありません。

そのため、売りに出される牧場もほぼなく、価格も高いと思われます。仮に見つかったとしても、土地や建物、設備やヒツジなどを含めると、数億円はかかるでしょう。地域や規模によっては様々な審査が必要になる可能性があります。かなりの難問となりそうですが、愛犬のために頑張ります。

◆牧場の一角に住む

あなたの暮らす家も確保しなければなりません。ヒツジ牧場の隣という立地では、家を建てるのも大変です。法的な問題や衛生管理などにも注意する必要があり、買い取った牧場の状況に応じて、届け出や手続きなどが必要になります。

◆ボーダー・コリーは30万円から

ボーダー・コリーの生体も、約30~40万円ほどと高額です。さらに、血統や毛色などによって異なります。その他、犬種登録やマイクロチップの挿入なども必要です。

日々の飼育費用としては、フードやおやつまで含んで食費は2万円と想定します。雑費は2000円ほどで、トイレ用品やグッズなどの消耗品費用が中心となります。

ヒツジ牧場での暮らしは運動量が多くなるので、健康診断などの医療費用は10万円と多めに見積もっておきましょう。

ペット保険なども前向きに検討したいところです。

本来の能力を最大限に生かす

ボーダー・コリーは、全犬種の中で最も賢いといわれています。飼い主を含め、周りの人間のことを注意深く観察し、素早く理解します。もしも飼い主が信頼できないと判断されたら、良好な関係を築けないどころか、飼育上の問題が生じることもありえます。

牧羊犬として活躍してもらうには、ボーダー・コリー本来の本能や能力を引き出すよう、日々のトレーニングが必要です。基本的なしつけのみならず、牧羊犬としてのコマンドの教え方、ヒツジとのコミュニケーションの取り方などを学ぶ必要があります。熟練のトレーナーに専属コーチとしてついてもらうため、月5万円（交通費等別）ほどみておきます。

現実の飼育費用は犬種によりけり

ここまでの環境を整えるのは、現実では夢に近い話です。

特にボーダー・コリーは飼育費用がかかる犬種の一つです。たとえば、フィラリアなどの予防薬や抗生剤は体重換算なので、体が大きいほどお金がかかります。

もちろん、犬種によってはそこまでかからない場合があります。チワワなどの小型犬であれば、ボーダー・コリーほどの食事量や運動量が必要ないため、食費などは安価にすみます。

こうした犬種による飼育費用の差は、トリミングが必要だったり、犬種によって特定の病気にかかりやすかったりと、あらゆる面に及びます。もちろん、飼い主の価値観、食事やケアの内容によっても費用は大きく変動します。

◆犬種ごとのお手入れコスト例

トリミングを例にとってみましょう。おしゃれのためと思われがちですが、単純に見た目だけの問題ではなく、実は健康や衛生面に影響します。頻度は月1回程度、費用は小型犬6000円、大型犬1万6000円がおよその目安と考えていいでしょう。

特にお金がかかるのは、大型犬のスタンダード・プードルです。フワフワで強めのクセ毛を持ち、定期的なトリミングが欠かせません。毛が伸びすぎると絡まって毛玉になってしまい、毛が汚れて皮膚にも良くありません。

トリミングでお金がかかる小型犬といえば、ポメラニアンです。理由は不明ですが、バリカンで短くカットすると、毛が生えそろうのに数年かかってしまうなど、ただカットすればいいというものではありません。手作業でカットするトリマーさんもいるようです。

しかし、犬種を選ぶにあたっては、金額だけで検討することはおすすめできません。ライフスタイルや好みに合った犬種を選び、「犬は家族の一員」と理解し、飼育費用だけでなく、犬の健康や幸せを第一に考えるようにしたいものです。

「ズバリ推測」月間家計簿

イヌ

1カ月8万3800円
（1日2793円）

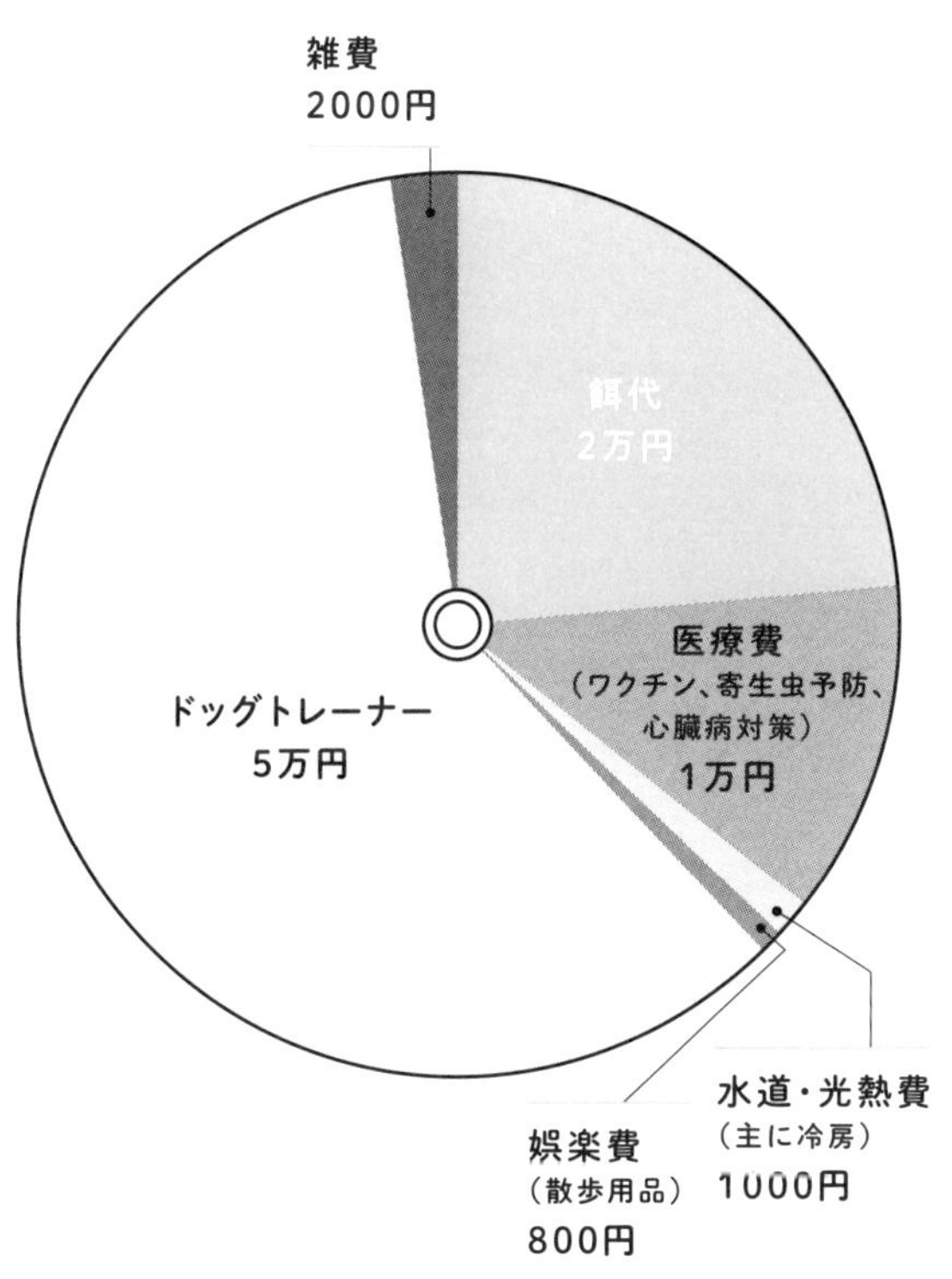

インコ

1日266円

終生の飼育費用は、購入額の千倍を超えるかも

◆ **セキセイインコ**（学名：*Melopsittacus undulatus*）

◆ **主な生息地域**：オーストラリア内陸部

◆ **サイズ**：体長約20cm　体重0.03〜0.04kg

◆ **食性**：草食性。植物の種子を食べる

◆ **特徴**：特有の体臭があり、インコ臭と呼ばれる。バターや穀物のようで、セキセイインコ愛好家に人気

ペットとして身近な鳥

セキセイインコは群れで暮らし、仲間とのコミュニケーションが得意です。オーストラリア原産で、日本では明治時代ごろから輸入され、昭和50～60年代のブームを経て最も身近な鳥の一つとなりました。

人間とも仲良くなり、遊びも大好き。人の声や着信音などを覚えることもあります。

種類も金額も多様

セキセイインコはホームセンターなどでも入手しやすく、種類も多種多様です。希少種は数万円することがありますが、ノーマルタイプなら3000～5000円です（変動あり）。

生体は安価でも、その後が重要です。ある愛鳥家が「数千円で買ったけど、餌（えさ）は高品質だし、病院も行くし、30グラムのインコにかかるグラムあたりの単価はすごいかもしれない！」と言っていました。もちろん、愛があるからこその発言です。

グラムあたりの単価とは面白い視点です。その答えを求めてざっくり試算しましょう。

餌は市販品利用

初期費用は、飼育ケージや巣箱、餌入れや水入れ、おもちゃなどをそろえると、約2万円といったところです。

一般的な市販品を与えれば、餌代は月に約2000円です。最近は「アワやヒエなどの植物の種を使ったシード食より、ペレット食のほうが健康で長生きする」という報告もあるので、予算とライフスタイルによって、ペレット食を取り入れるのもおすすめです。

遊びは脳へのよい刺激です。月1000円の予算で、いろいろ与えてみましょう。おもちゃが気に入らないことや、飽きることがあるかもしれませんが大目に見てください。

医療費については、予防接種はありませんが、定期的な健康診断が望ましいです（1回2000〜3000円ほど）。

◆10年生きたとして約98万円

セキセイインコの寿命は5〜10年といわれています。

飼育費用8000円なら1年で9万6000円。10年生きた場合は、飼育費用96万円。初期費用が2万円なので、終生で98万円。個体差や環境により変動し、ヒナから育てたら挿し餌代、老齢期の介護、医療費などは含みません。

さて、前ページの問いを思い出しましょう。インコ1羽が30グラムとしたら、1グラムあたり3万2666円をつぎ込んでいることになります。再度言いますが、これはお金だけの話です。インコの愛情はお金には換算できません。

「ズバリ推測」　月間家計簿

インコ
1カ月8000円
（1日266円）

雑費
1000円

餌代
（シード食中心）
2000円

娯楽費
（おもちゃ）
1000円

水道・光熱費
（主に暖房）
1000円

医療費
（胃腸炎、呼吸器感染）
3000円

ネコ

1日833円

病気をしなければ飼育費用は安価
餌(えさ)の工夫で未来の医療費削減

◆ **イエネコ**(学名:*Felis catus*)

◆ **主な生息地域**:世界中

◆ **サイズ**:体長約75cm　体重3〜5kg

◆ **食性**:肉食

◆ **特徴**:きれい好きで、毛づくろいをしたり、用を足した後には砂をかけたりする。体臭もない。1日に16〜18時間寝て過ごすため、語源は「寝子」という説もあるほど

◆飼い方やお金のかけ方は三者三様

イヌと並び、トップクラスの人気を集めるネコ。人間との関係性がとても深く、飼い主の価値観が反映されやすいのかもしれません。飼い主はみんなネコの幸せを願っているでしょうが、飼い方やお金のかけ方には、様々な考え方があります。

◆健康に過ごせればお金がかからない

知人からもらい受ければ0円か、わずかな金額ですむこともあるでしょう。仮にそうであっても、その後はタダではありません。健康で過ごせればお金がかからないのがネコですが、最近のネコは長生きです。かかるお金を予習しておきましょう。

◆かわいいネコにも虫はいる

ネコを迎えて最初にすることは動物病院探しです。候補を見つけたら、ノミ・ダニの駆除や予防という小さな相談で訪問し、雰囲気やスタッフの人柄などを見て判断しましょう。寄生虫や条虫、回虫などの検査をすることもおすすめします。もし虫がいたら駆虫薬を使うことになるでしょう。背中にたらす液状の薬は2000円前後です。

◆生後6カ月で去勢・避妊手術

生後6カ月を過ぎたら、去勢や避妊手術を検討しましょう。ネコは発情すると、あちこちにオシッコをしたり、一晩中鳴き続けたりします。繁殖を望まないのに発情させたままにするより、不妊手術をした方がQOL（生活の質）が上がります。去勢2万円から、避妊手術4万円からが相場です。

◆ウイルス検査・ワクチン接種

なるべく早く、ウイルス検査もしましょう。

欠かせないのは、猫エイズと猫白血病ウイルスの検査です。多頭飼育の場合は他のネコに感染させないよう、対処します。もしもこれらの感染症に罹患ずみだったら、治療方法は今のところありませんが、栄養状態の管理などにより対処は可能です。

複数の病気に対する予防接種を一度に行える混合ワクチンは3000円からが相場です。ワクチン接種は健康状態や年齢などに応じて内容や回数が変わってくるので、獣医師に相談しましょう。

◆日々のフードは健康への投資

ネコは完全肉食性です。最高の食事は、ネズミや魚などを生のまま、内臓を含めすべて丸ごと食べることが理想的です。ただし、それを毎日確保するのは不可能です。

今は、とても便利なキャットフードがあります。肉がたくさん入っていることが大事なので、「タンパク質含有量30パーセント以上」を目安に選びます。ただし、粗悪な鶏を使っているかどうかは、タンパク質含有量表示だけではわかりません。一般に、良質の肉を使ったフードほど高価です。

ネコの健康にはある程度いい餌(えさ)が必要です。一定以上の品質・価格のものを選び、鶏のモモ肉やムネ肉、レバー、豚や牛の赤身などをゆでてキャットフードに添えると食いつきが良くなり、栄養の観点からも最高です。高品質のフードは2キロで8000円ほどと高価ですが、ネコの健康には理想的です。

◆病気になる前にお金をかける

最近は20歳を超える長寿ネコも少なくありませんが、内臓に疲れが出て、それが病気となります。特に腎臓病が多く、10歳ぐらいから一気に増えます。ネコの祖先は水が少ない砂漠に住んでいたので、少ない水を有効に利用するため腎臓の能力が発達しました。その代わり、腎臓を酷使することになり、臓器の中では腎臓にトラブルが発生しやすいのです。

一度腎臓機能が悪化すると、点滴のために毎日病院に通うことになってしまいます。1回3000円からなので、月9万円ほど。また、病気専用フードに切り替えると、一般的な市販フードで安くすませても月8000円ほどとなりそうです。

◆高齢ネコのための準備

ネコは高いところが大好きです。市販のキャットタワーを置いたり、DIYで棚や階段などの高い場所を作ってあげる人も少なくありません。

しかし、ネコが高齢になると、足腰が弱ってジャンプができなくなります。足を踏み外してしまうなどの事故も心配です。ネコのジャンプが低くなったなと感じたら、キャットタワーに階段をつけることをおすすめします。トイレも入り口が低い、大きめのものに変更します。

食べ物はタンパク質が多くて筋肉を維持できるものにします。歯肉炎になったり、歯石がたまったり、抜歯が必要になったりすることもあるので、歯のケアにも注意が必要となります。

このように、高齢ネコのためには、日々こまごましたことにお金がかかります。老後のために5万から15万円ぐらいは貯金しておくと安心です。

「ズバリ推測」月間家計簿

ネコ

1カ月2万5000円
(1日833円)

※都内マンションで去勢済みオス（6歳）を完全室内飼いする場合。

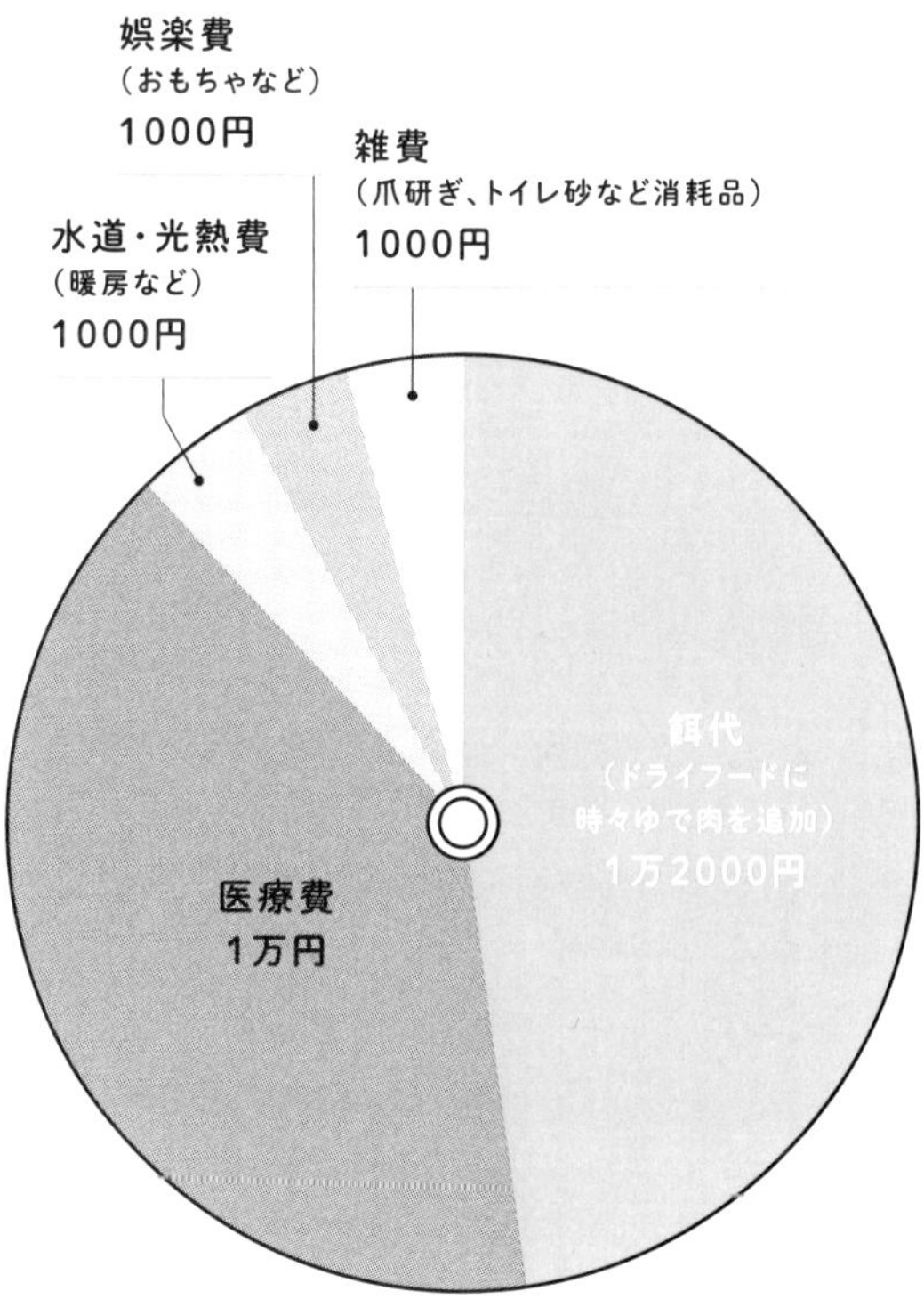

娯楽費
(おもちゃなど)
1000円

雑費
(爪研ぎ、トイレ砂など消耗品)
1000円

水道・光熱費
(暖房など)
1000円

餌代
(ドライフードに
時々ゆで肉を追加)
1万2000円

医療費
1万円

ハムスター

1日103円

ペットとしての飼育コストは低い
とにかく走らせてあげよう

- **ゴールデンハムスター**（学名：*Mesocricetus auratus*）
- **主な生息地域**：シリア、レバノン、イスラエル
- **サイズ**：体長15～20cm　体重0.03～0.04kg
- **食性**：雑食性
- **特徴**：肩まで広がる大きなほお袋があり、食べ物を詰めて巣に運ぶ

◆巨大なほお袋

ゴールデンハムスターは昼間寝て過ごし、夕方以降活動的になる夜行性です。臆病ですが特定の人に懐（なつ）いてくれることもあり、飼い主の声を覚えてくれることもあります。

ゴールデンハムスターの見た目の特徴は、なんといっても大きなほお袋です。1個ずつ手渡しをして何個ひまわりの種が入るかという実験では、なんと87個詰め込んだそうです。

◆飼育しやすい経済負担

人気のゴールデンハムスターは、同じく人気のジャンガリアンハムスターとともに、生体は1000円台からと安価です。ケージは昔ながらの金網タイプなら1000円台で、あるいは最近人気の観察しやすい透明タイプでも数千円とやはり安価です。

餌（えさ）代は月数百円、底材も少量ですみ、一生医療のお世話にならずに過ごす子も少なくありません。野生動物に比べて安価ですし、飼いやすいペットといえます。

◆ダイエットのために走る

野生では、餌を求めて1晩に20キロ近くも走るといわれています。2センチほどの短い足ですから、人にたとえたら毎日ウルトラマラソンをやっているようなもの。たっぷり餌をもらっていて、餌を求めて走る必要などないはずの飼育下であっても、走るのがとても好きです。

ハムスターの走りは、食生活に秘密があります。ハムスターの食事には必須アミノ酸と呼ばれる栄養素が必要ですが、げっ歯類が食べる穀物には少量しか含まれていません。必要十分量のアミノ酸を取るためには大量の穀物を食べる必要があります。そうすると、脂肪・炭水化物などの取りすぎになってしまいます。だから、ハムスターは余分なエネルギーを放散するために走ります。つまり、ダイエットの目的で走っているのです。

一晩中走るハムスターに、回し車は必須です。ハムスターがかじったり、部品が摩耗したりするため、数年に一度の買い替えをしましょう。

◆冬はヒーターで温かく

ハムスターは冬眠すると思っている方も少なくないでしょうが、ペットのハムスターは冬眠をしません。ただし、温度が低すぎると、疑似冬眠という危険な状態に陥る恐れがあるので、冬はヒーターの使用を検討しましょう。ヒーターは2000~3000円です。

野生のゴールデンハムスターは、寒くなると冬眠というより、冬籠りのようなことをします。そうなると、できるだけお腹が空かないように寝て過ごし、動くのはたまのウンチやオシッコをする時くらいです。

「ズバリ推測」月間家計簿

ハムスター

1カ月3100円
（1日103円）

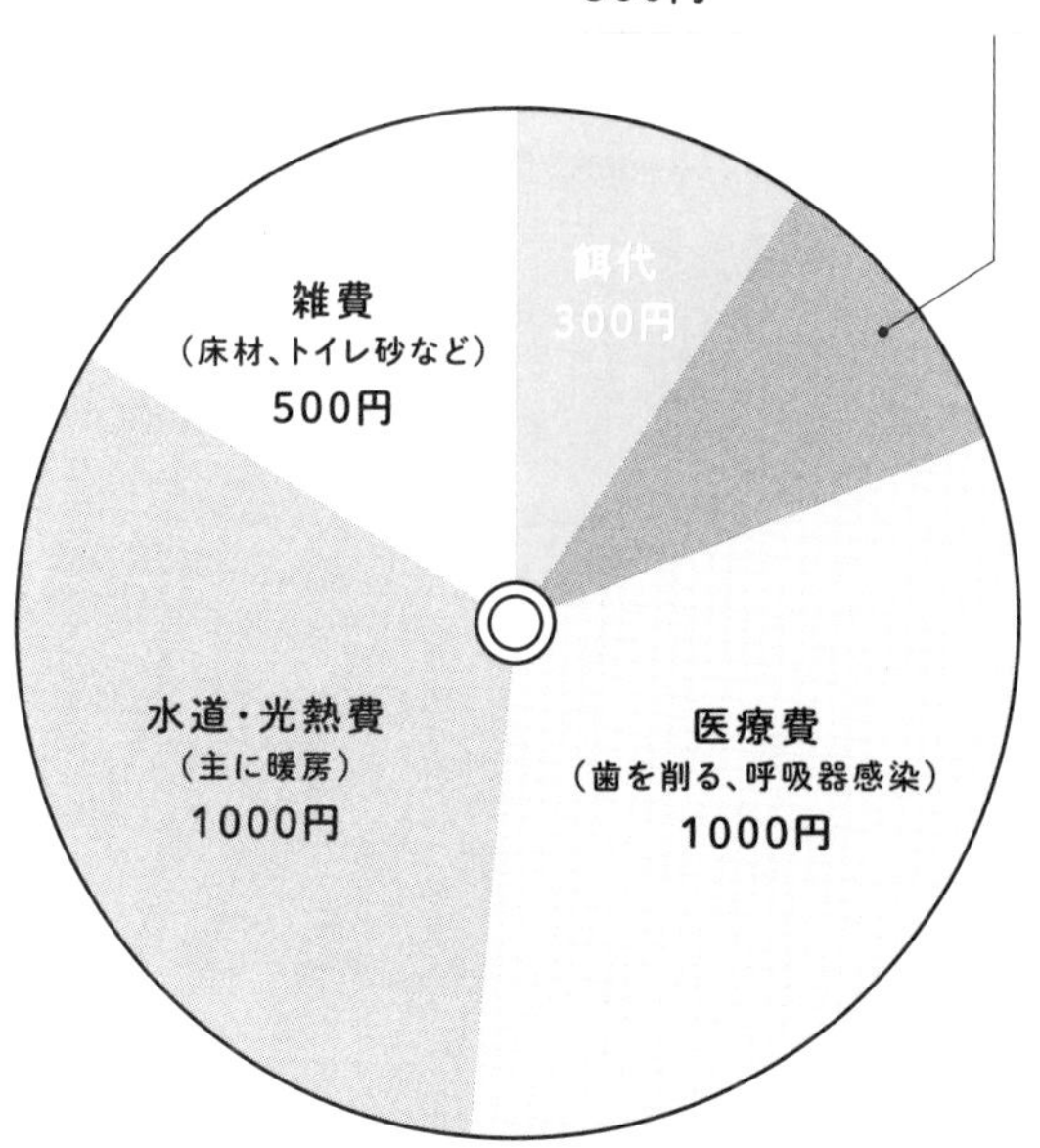

コラム

ペットが亡くなったときのお金の話

一緒に暮らす動物には、いつか必ず死ぬ時がきます。ペットが死んでしまったら、どうしたらいいのでしょうか。

自宅に庭があれば、庭に埋めることができます。費用はかかりません。深く埋めないと臭いが漏れてきたり、野生動物に掘り起こされたりするので気を付けてください。また、公園や森に埋めるのは不法投棄になりますので、所有地以外に埋めてはいけません。

行政に引き取ってもらい火葬する方法であれば、2000円ほどと安価です。ただし、ゴミ扱い処理となる場合もありますので、よく考えたほうがいいかもしれません。

ペット火葬業者に依頼すると、「合同火葬」「個別火葬」「立会火葬」から選ぶことができ、料金は1万円から10万円ほどです。以下は取材例です（2023年10月現在）。

「合同火葬」であれば、料金はさほど高くなく1万1000円から4万4000円といったところです。小動物から大型犬まで、種類や大きさによって金額が異なります。他のペットと一緒に火葬し、その後は合同供養塔（くようとう）に合祀（ごうし）されます。「個別火葬」の場合、値段は少し上がり1万4000円から8万円です。個別で火葬されるので、火葬後に家に連れて帰るほか、分骨してメモリアルグッズとして身近に置いておくこともできます。「立会火葬」では火葬に立ち会い、お骨上げまで行います。料金は4万2000円から10万円と上がりますが、お骨を拾うことで気持ちの整理がつく方も多いそうです。

葬儀の後のメモリアルグッズにも豊富な種類があります。写真入りの位牌は1万5000円前後です。分骨用のキーホルダー・カプセルは大きさによって550円から、ペンダントタイプのものは3000円だそうです。

近年では新しい弔い方法も登場しました。「骨格標本葬」では亡くなったペットを骨格標本として手元に残せます。骨をきれいにし、生きていた時の姿を参考に組み立てます。小動物・爬虫類は7万円から、大型犬は40万円からと種類や大きさによって異なります。「ダイヤモンド葬」は遺骨をダイヤモンドにする方法です。5種類の色と8つのサイズ、10種類のカットから選ぶことができ、28万8000円からです。「真珠葬」は遺骨を核に真珠を形成させる方法で、お骨を核入れして約1年後に真珠となります。費用は49万5000円です。

ちなみに、もしも飼育できないような動物が死んだ場合はどうなると思いますか？　動物園では病理解剖の後、一度埋めて骨格標本にすることが多いです。骨格標本になることによって、動物たちは学習教材として第二の人生（動物生）を歩み始めます。

診療費明細書大公開！イヌもシャチもキリンも治します

最後まで読んでくださった方への感謝として、僕の動物病院で発行する「診療費明細書」を公開します。動物病院での診療後に、お会計時にもらう、あの紙です。

まずはイヌ。街の動物病院なので、患者はイヌとネコがほとんどです。動物病院にとってイヌといえば夏。イヌは暑さが苦手なので、イヌがたくさんやって来ることで僕たち獣医師は夏を感じるのです。逆に、寒さに弱いネコは、気温が下がってくると来院が増えます。

イヌがかかりやすい病気は胃腸炎、鼻水、咳（せき）、あとは心臓病などです。

この明細書は、7月の暑い日が続いた日に、下痢をうったえて来院したミニチュア・ダックスフンドを診療した際のものです。

なじみの患者さんなので、健康状態はよく知っています。この時は便を持ってきてくれたので、最初に便検査をしました。寄生虫がいないか、菌が出ていないかを診(み)るものです。それから、お腹の音を聴きました。

診療費明細書（控）

No.

イヌ　様（　　）

税込合計金額 ¥ 7,700－　　自 2023年7月20日　至　年　月　日

項目		内容	摘要	金額(税抜・税込)	
診察料		初診・(再診)・時間外特診		1 000	
往診料			回		
入院料		・～・	日		
処置料	注射料	静脈・(皮下)・筋肉		3 800	
	処置料				
	予防接種料				
検査料	血液・生化学				
	尿・糞便	便検査		1 000	
	X線	撮影・透視・造影			
投薬料	内用薬	胃腸薬		1 200	処方料込
	外用薬				
手術	麻酔料				
	手術料				
診断名		胃腸炎			
消費税			10%	700	
合計				7 700	

ミニチュア・ダックスフンドの明細書

体温も正常で、大きな異常を認めないため、今回は胃腸炎の治療をします。下痢止めと栄養剤など、５種ほどの薬を背中にたっぷり注射します。注射後は、イヌの背中が保育園児の握りこぶしぐらいまで膨らみます。

最後に薬を処方します。僕のオリジナル・スペシャル・カクテルの下痢止めと整腸剤です。このミニチュアダックスは体力がたっぷりあるため、絶食もしくはほんの少しだけの餌《えさ》にしてくださいと、お腹を休める指示をしました。

もしもこの後2日ほどたっても改善しないときは、エコーやレントゲン、もう少し詳しい便検査をします。再診があれば、１万７０００円ぐらいです。

◆

さてここからは、お待ちかね、妄想の世界に入ります。

もしも、当院にキリンの診療依頼が来たら……。

当院にはキリンが入る待合室と診察室がないので、往診対応となります。キリンがかかりやすい病気は胃腸炎、蹄《ひづめ》の病気（爪の伸びすぎ）、誤嚥《ごえん》性肺炎です。

今回は体重１２００キログラムのオスの胃腸炎を想定します。

まずは便検査。健康であれば、ウンチは2センチメートルぐらいのまん丸です。ポロポロ落とすようにするのですが、この時はウンチがブドウの房のようになっていました。ちなみにあんなに大きなキリンですが、ウンチはとても小さいので、軽快に歩きながらぽろぽろウンチもできるという特技をもっています。

架空のキリン患者さんからは寄生虫も菌も検出しなかったので、ここで胃腸炎だと診断でき

診療費明細書（控）

No.

キリン　様（　　　）

自 2023 年 12 月 4 日
至 　年　月　日

税込合計金額 ¥ 86,900－

項目		内容	摘要	金額(税抜・税込)	
診察料		初診・再診・時間外特診		1 000	
往診料			1 回	5 000	
入院料		・〜・	日		
処置料	注射料	静脈・皮下・筋肉		28 000	
	処置料	留置針装着	5	14 000	
		（首から5本）			
	予防接種料	採血		3 000	
検査料	血液・生化学	血算生化学		15 000	
	尿・糞便	便検査		1 000	
	X線	撮影・透視・造影			
投薬料	内用薬	胃腸薬	3日分	12 000	処方料込
	外用薬				
手術	麻酔料				
	手術料				
診断名		胃腸炎			
消費税			10％	7 900	
合計				86 900	

キリンの明細書

ました。さっそく治療にとりかかり、静脈に点滴をすることにします。

治療のためにキリンの動きを長時間制限しておくと、キリンがストレスを感じてしまいます。できるだけ治療時間を短縮するために、首に５本の注射針を同時に打ち、助手も含めて３人で脚立（きゃたつ）に乗り、薬を一気に体の中に流し込みます。

最後に、３日分の薬を処方します。薬の量は体重換算で決めるため、点滴の薬液量も、飲み薬も、イヌの１５０倍近くになり、びっくりするほど高額になります。

◆

病院に帰ると、次はシャチの診察依頼がきました。

体重５０００キログラムのオスで、ウンチが水に溶けず塊が浮いていたと想定します。シャチのウンチは、すぐ水に溶けるのが正常なので心配です。

運搬は現実的でなく、こちらの病院には巨大プールもないため往診です。

シャチがかかりやすい病気は呼吸器感染症や胃腸炎です。

まずはトレーナーさんにシャチをおとなしくさせてもらって、体温測定をします。体温は肛門（こうもん）にセンサーを入れて計ります。センサーについてきたウンチで便検査もします。次に、尾ビレから採血して、血液検査を行います。頭の上にある噴気孔（人でいうと鼻）から出てくる息を集めて、気道や肺の細菌を検査もします。

このように検査がスムーズにできるのは、多くのトレーナーさんが、普段からハズバンダリートレーニングに励んでくれているおかげです。

ここまですべて問題がなかったので、胃腸炎と判断して、注射と投薬の治療をします。薬は

診療費明細書(控)

No.

シャチ　様(　　　)

税込合計金額 ¥ 60,500ー

自 2023 年 11 月 27 日
至 年 月 日

項目		内容	摘要	金額(税抜・税込)	
診察料		初診・再診・時間外特診		1 000	
往診料			1 回	5 000	
入院料		・ 〜 ・	日		
処置料	注射料	静脈・皮下・筋肉		18 000	
	処置料	採血		3 000	
	予防接種料				
検査料	血液・生化学	血算生化学		15 000	
	尿・糞便				
	X 線	撮影・透視・造影			
		呼気検査		10 000	
投薬料	内用薬	胃腸薬	3日分	12 000	処方料込
	外用薬				
手術	麻酔料				
	手術料				
		トレーニング料(別途)			
診断名		胃腸炎			
消費税			10 %	5 500	
合計				60 500	

シャチの明細書

やはり体重換算のため大量になります。

◆

最後は、過去の実体験からお話ししましょう。2月の寒い日のことです。チンパンジーが下痢と嘔吐で苦しそうにしています。どうやら雪を食べてお腹を壊したようです。

まずは、檻越しで診察します。お尻をこちらに向けさせ、肛門からの体温測定と、それについてきたウンチによる便検査。ここでは、特に異常はありません。

次は口を開けさせ喉の様子を見ます。鼻水が大量に出て鼻が詰まってしまい、口で呼吸をしています。どうやら風邪をひいたようです。チンパンジーは人と同じ病気にかかり、治療法も人と同じです。アトピー性皮膚炎、インフルエンザにもかかります。

病気になったとしても、チンパンジーは賢いので、治療を理解してくれて信頼関係があれば、痛い注射も可能です。苦い薬は苦手ですが、ヨーグルトに混ぜたり、薬を与えたあとで牛乳を飲ませたりするなど工夫して服用させます。

さて、チンパンジーは僕の治療により見事に回復しましたが、その数日後、僕たち獣医師が風邪をうつされていました！

というわけで、僕は正真正銘の街の獣医師ですが、おそらくなんでも診られます。この本に掲載した動物なら、国内外どこにでも往診（交通費別）いたしますので、もしもご用があればご連絡ください。

診療費明細書（控）

No.

チンパンジー　様（　　　　）

自　2023年　2月　17日
至　　　年　　月　　日

税込合計金額　¥13,860－

項目		内容	摘要	金額（税抜・税込）	
診察料		初診・再診・時間外特診		1 000	
往診料			1 回	5 000	
入院料		・ ～ ・	日		
処置料	注射料	静脈・皮下・筋肉		3 800	
	処置料				
	予防接種料				
検査料	血液・生化学				
	尿・糞便	便検査		1 000	
	X線	撮影・透視・造影			
投薬料	内用薬	胃腸薬	3日分	1 800	処方料込
	外用薬				
手術	麻酔料				
	手術料				
診断名		胃腸炎			
消費税			10%	1 260	
合計				13 860	

チンパンジーの明細書

おわりに

ものごころがついた僕は、ダンゴムシに出会いました。庭で見つけたダンゴムシにそっと触れると、あっというまに丸まりました。その時の驚きは今でも覚えています。

それから、カブトムシ、カタツムリ、ヘビ、カモ、ありとあらゆる生き物を、特に姿と生態に興味を持ち飼ってきました。大学時代はウシとウマに出会い、そして大人になって動物園で働くことにより、個人では飼うことのできないいろいろな生き物（キリン、オランウータン、チンパンジー、ニホンヤマネ、フクロウ、モグラ、ペンギン、アシカなど）の面倒をみるという最高の体験をさせてもらいました。

動物園では、育児放棄されたチンパンジーの「アサコ」に出会いました。毎日出勤すると彼女にミルクを与え、ゲップをさせ、おむつを替えました。僕はアサコの母親だったのです。

僕はチンパンジーの生態や生息地を調べました。人間による環境破壊は思った以上に広範囲にわたり、生息地を奪い、彼女たちは絶滅の危機に瀕していました。こんなに賢く、かわいい動物がいなくなるなんて……。

実は僕がこの本で目論んでいる最終的な目的は、飼育金額の正確な数字や、野生動物の莫大な飼育費用を周知することではありません。動物たちへの愛情や尊敬を知ってもらうこと、これに尽きます。

素晴らしい生き物の魅力をできるだけたくさんの人に伝えることが、僕ができる、動物たちへの恩返しと考えています。僕は獣医師としてこれからも、動物のためにできることを精一杯やっていきたいと思っています。僕の本を読んでくださった皆様にも、動物との関わり方を考えていただけたら嬉しく思います。

この本には、おもに自分の体験を反映しました。触れたことのない生き物は、実際に飼育した経験のある獣医師や飼育員に聞き、彼らの体験を基に「妄想」しました。

この本を出版するにあたって、ご協力いただいた編集者、イラストレーター、デザイナー、動物を愛する仲間たち、そしてなによりも、私と一緒に過ごしてくれた動物たちに心から感謝します。

ありがとうございました。それではまた。

取材協力

- アルパカふれあいランド
- 鴨川シーワールド
- 城南ペット霊園
- 袖ヶ浦ふれあいどうぶつ縁
- 太地町立くじらの博物館
- 骨屋
- 五十三次どうぶつ病院（獣医師・島田孝一、ケアスタッフ・浅香ちなつ）

おもな参考資料

- 『海棲哺乳類大全』田島木綿子 総監修、山田格 総監修、緑書房
- 『新・飼育ハンドブック　動物園編1　繁殖・飼料・病気』日本動物園水族館協会教育指導部 編、日本動物園水族館協会
- 『新・飼育ハンドブック　動物園編3　概論・分類・生理・生態』日本動物園水族館協会教育指導部 編、日本動物園水族館協会
- 『新・飼育ハンドブック　水族館編1　繁殖・餌料・病気』日本動物園水族館協会教育指導部 編、日本動物園水族館協会
- 『新・飼育ハンドブック　水族館編3　概論・分類・生理・生態』日本動物園水族館協会教育指導部 編、日本動物園水族館協会
- 『世界動物大図鑑』デイヴィッド・バーニー 総編集、日高敏隆 日本語版総監修、ネコ・パブリッシング
- https://www.jaza.jp/
- https://nationalgeographic.jp/nng/web/animals/
- https://www.city.sapporo.jp/zoo/
- https://www.higashiyama.city.nagoya.jp/
- https://www.hama-midorinokyokai.or.jp/zoo/zoorasia/
- https://www.tokyo-zoo.net/

北澤功　きたざわ　いさお

1966年長野県長野市生まれ。獣医師。酪農学園大学獣医学科卒業。長野市茶臼山動物園、長野市城山動物園に獣医として勤務後、2010年、東京都大田区に五十三次どうぶつ病院を開院。動物園時代は、チンパンジー、オランウータン、レッサーパンダ、ゾウ、キリンなどの飼育・治療業務に加え、日本の森を再現した「飯綱の森」、生態を考えた獣舎「レッサーパンダ舎」を設計した。動物の生態などについての講演を、小学校、中学校、高校、児童施設、一般向けに行っている。主な著書に『爆笑! どうぶつのお医者さん事件簿』『思わずビックリ! どうぶつと獣医さんの本当にあった笑える物語』(アスコム)、監修に『似ている動物「見分け方」事典』(木村悦子執筆、ベレ出版)『獣医さんだけが知っている 動物園のヒミツ 人気者のホンネ』(犬養ヒロ画、日東書院本社)、原案に『獣医さんが教える動物園のないしょ話』(犬養ヒロ まんが、ぶんか社)などがある。

妄想お金ガイド
パンダを飼ったらいくらかかる?

2023年12月25日　第1版1刷

著者　北澤功
編集　尾崎憲和　葛西陽子
執筆・編集協力　木村悦子
イラスト　花松あゆみ
デザイン　鈴木千佳子
制作　クニメディア
発行者　滝山晋
発行　株式会社日経ナショナル ジオグラフィック
〒105-8308　東京都港区虎ノ門4-3-12
発売　株式会社日経BPマーケティング
印刷・製本　中央精版印刷
ISBN978-4-86313-604-5　Printed in Japan